Kohlhammer

Jürgen Wohlrab

Einsatztaktik für den Zugführer

2., aktualisierte Auflage

Verlag W. Kohlhammer

Die Abbildungen stammen – sofern nicht anders angegeben – vom Autor.

2., aktualisierte Auflage 2022

Gesamtherstellung: W. Kohlhammer GmbH, Stuttgart

Print:
ISBN 978-3-17-041089-3

E-Book-Formate:
pdf: ISBN 978-3-17-041091-6
epub: ISBN 978-3-17-041092-3

Vorwort

Bei allen Einsätzen der Feuerwehren ist die taktische Gliederung der eingesetzten Einheiten für einen geordneten Einsatzablauf ein vermeintlich wichtiger Faktor für den Einsatzerfolg.

Die typische Gliederung in Trupp, Staffel, Gruppe, Zug und Verband ist in den einschlägigen Feuerwehr-Dienstvorschriften (FwDV) genau beschrieben und erläutert. An dieser Struktur hat sich in den letzten 80 Jahren fast nichts geändert. Geändert haben sich aber durch die moderne Industriegesellschaft die Anforderungen an die Feuerwehren und in diesem Zusammenhang insbesondere die technischen Möglichkeiten von Fahrzeugen und Geräten.

In der Praxis werden diese Möglichkeiten nicht immer in vollem Umfang ausgeschöpft. Häufig kommt es zu personellen und strukturellen, aber auch führungstechnischen Problemen. Der entscheidende Faktor in allen noch so geregelten und technisierten Systemen bleibt deshalb der Mensch mit seinen persönlichen Stärken und Schwächen. Neben der Funktion des Gruppenführers nimmt die Person des Zugführers ab einer bestimmten Einsatzgröße eine Schlüsselfunktion ein.

Ziel des Buches ist es, dem Zugführer eine umfassendere Sichtweise auf seine Aufgabenstellung zu ermöglichen, als dies in den einschlägigen Feuerwehr-Dienstvorschriften geregelt ist.

Diese Sichtweise soll nicht in Konkurrenz zu den Dienstvorschriften oder einem bewährten Taktikschema stehen. Es ist vielmehr der Versuch, die komplexen Aufgabenstellungen eines Einsatzes auf einfache Fragestellungen, Handlungsabläufe und Merkregeln zu reduzieren und den Zugführer in seiner richtigen Entscheidung zu unterstützen. In diesem Zusammenhang ist es besonders wichtig, beim Zugführer ein Bewusstsein und Verständnis für sein eigenes Handeln zu erzielen. In der kritischen Auseinandersetzung mit seinem eigenen Führungsverhalten und den vorgegebenen Strukturen liegt die Chance, die Rolle als Zugführer klarer auszuführen und somit wesentlich zum Gelingen des Einsatzes beizutragen.

Trotz aller vielfältigen Möglichkeiten unserer Zeit bleiben deshalb als entscheidender Faktor der Mensch und sein Handeln.

Hinweis:

Das Buch richtet sich ausdrücklich an alle interessierten Personen – ob männlich, weiblich oder divers – gleichermaßen. Zur leichteren Lesbarkeit des Textes wird an manchen Stellen allerdings nur die männliche Form verwendet.

Inhaltsverzeichnis

1 Aufgaben des Zugführers

1.1 Geschichtlicher Hintergrund

Die von uns allen gewohnten Strukturen der heutigen Feuerwehr sind nun bereits fast hundert Jahre alt. Die Anfänge führen uns in die 20er Jahre des letzten Jahrhunderts. Hier wurden die ersten Feuerwehrschulen in den Ländern des ehemaligen Deutschen Reiches gegründet und erließen eigene Ausbildungsvorschriften (Internationale Arbeitsgemeinschaft für Feuerwehr- und Brandschutzgeschichte, 2014). Die taktische Zusammensetzung der Einheiten und die Aufgabenverteilung innerhalb dieser wurden allerdings regional noch sehr unterschiedlich geregelt.

Bei der Berliner Feuerwehr ergab sich bereits 1922 eine Unterteilung in Angriffstrupp, Leitertrupp und Schlauchtrupp, welche den heute noch bekannten Regelungen in den Dienstvorschriften stark ähnelt.

Die endgültig eingeführte und heute noch praktizierte Einteilung in Angriffstrupp, Wassertrupp und Schlauchtrupp wurde von Walter Schnell im Jahre 1934 durch sein Buch zum dreiteiligen Löschangriff verbreitet.

Die Kernaussagen dieser Vereinheitlichung nennen folgende Elemente:

- Ausbildung als zentrales Element
- Einheitsfeuerwehrmann
- Schwerpunkt Innenangriff

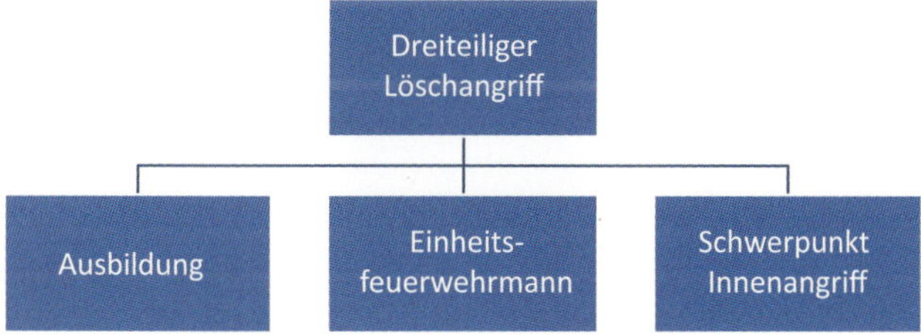

Bild 1: ***Der dreiteilige Löschangriff***

Interessant ist in diesem Zusammenhang bereits die Schwerpunktbildung bei Brandeinsätzen auf den Innenangriff.

Durch die Kriegsvorbereitungen der Nationalsozialisten im Dritten Reich wurde diese Struktur endgültig im Jahre 1938 durch eine reichsweit gültige Ausbildungsvorschrift für den Feuerwehrdienst eingeführt.

Als taktische kleinste Einheit mit 1/8/9 in Verbindung mit einem Löschfahrzeug findet sich diese Grundstruktur in allen Ausbildungsvorschriften und der Beschaffung von Fahrzeugen damals wie heute. Nach Kriegsende fanden sich diese Strukturen in dem Standartwerk »Ausbildung der Feuerwehren« von Heimberg und Fuchs aus dem Jahre 1947 wieder.

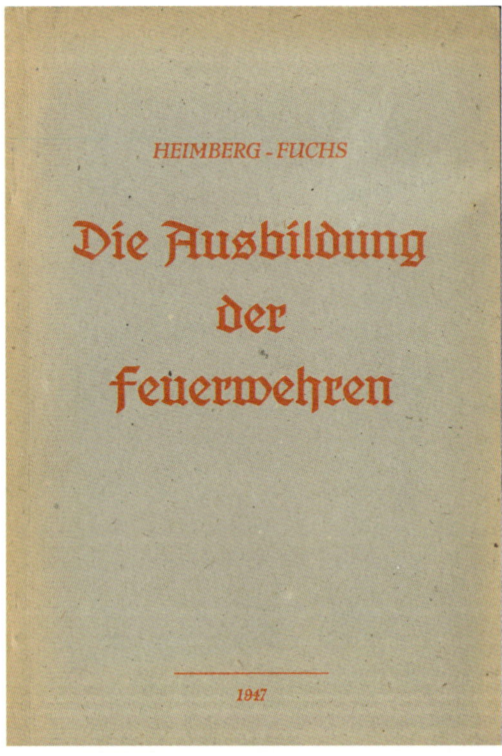

Bild 2: ***Buchcover »Die Ausbildung der Feuerwehren«***

Als Vorläufer des Katastrophenschutzes wurde in Deutschland in der Nachkriegszeit der Luftschutzhilfsdienst etabliert. Dieser war stark geprägt durch die Auswirkungen und Erfahrungen des zweiten Weltkrieges. Im Besonderen ist hier die Luftschutzhilfsdienst-Dienstvorschrift 111(LSHD-DV 111) im Sinne einer Ausbildungsvorschrift für Feuerwehrbereitschaften aus dem Jahre 1967 zu nennen. In dieser sind die ersten Unterteilungen in Löschzug-Retten oder Löschzug-Wasser zu finden.

In der Folge dieser Gliederung der Einheiten wurden durch den Bund auch entsprechende Fahrzeuge für diese Aufgaben beschafft. Exemplarisch ist hier das Löschgruppenfahrzeug (LF 16 TS), der Schlauchkraftwagen (SKW) oder der Hilfsrüstwagen (HRW) zu nennen. Auch hier findet sich in den Fahrzeugen die typische Besatzung von Gruppe, Staffel oder Trupp wieder. In den entsprechenden Feuerwehrbereitschaften wurden somit taktische Einheiten in Form von Zügen oder Verbänden zusammengestellt.

Mit der bundesweiten Erstellung der uns heute bekannten Feuerwehr-Dienstvorschriften wurde in den Jahren ab 1971 begonnen. Wichtig für den Zugführer wurden vordringlich drei Vorschriften erarbeitet:

- Die Gruppe im Löscheinsatz (als erste Feuerwehr-Dienstvorschrift im Jahr 1972)
- Die Staffel im Löscheinsatz
- Der Zug im Löscheinsatz

Wie in der Namensgebung erkennbar sind diese Vorschriften stark auf den Löschangriff ausgelegt. Die Verwendung der Vorschriften bei einem Hilfeleistungseinsatz ist nur im übertragenen Sinn möglich. Die grundsätzliche Struktur blieb zwar beim Hilfeleistungs- oder ABC-Einsatz erhalten, der Grundgedanke, dass jeder Trupp zum Angriffstrupp wird, ist aber in THL- bzw. ABC-Einsätzen nicht möglich. Dies ist auch der entscheidende Unterschied in Bezug auf die Struktur bei einem Brandeinsatz.

Im Brandeinsatz soll grundsätzlich der Wasser- und Schlautrupp nach Erledigung seiner Aufgaben zum zweiten bzw. dritten Angriffstrupp werden. Dass dieser Grundgedanke leider in der taktischen Verwendung der Funktionen nicht immer so durchgeführt wird, ist Gegenstand der Betrachtungen im Kapitel zur Aufgabenverteilung im Zug (Kapitel 2.3). Aus dieser Differenzierung ergaben sich auch teilweise die unterschiedlichen Führungsstile bei Brandeinsätzen oder Technischen Hilfeleistungen.

Bei der Technischen Hilfeleistung bzw. bei ABC-Einsätzen erfolgt vom Grundsatz her ebenfalls eine Aufteilung in drei Trupps, die nach Feuerwehr-Dienstvorschrift 3 die gleiche Bezeichnung tragen. Wesentlicher Unterschied ist aber die bleibende Funktion in Rettungs-, Sicherungs- und Gerätetrupp bei der Technischen Hilfeleistung bzw. in ABC-Lagen.

Grundlage unseres Handelns ist in dieser geschichtlichen Entwicklung der Feuerwehr zu finden. Die grundsätzlichen Betrachtungsweisen, die Sprache der Feuerwehr und die Zusammensetzung der Mannschaft sind in über 100 Jahren zwar gewachsen und einem gewissen Wandel unterlegen, aber vom Grundsatz immer gleich geblieben.

Erst in den letzten zwanzig Jahren haben sich, auf Grund der komplexeren Anforderungen, der technischen Möglichkeiten und der individuellen Lösungen,

Abweichungen dieses Systems bei den Feuerwehren ergeben. Von der klassischen Einteilung in Angriffs-, Wasser- und Schlauchtrupp wurde aber selten abgewichen.

Werkfeuerwehren fallen in dieser Betrachtungsweise schon immer aus dem Rahmen, da hier die personelle Verfügbarkeit noch geringer anzusetzen ist und häufig Sonderfahrzeuge für spezielle Anwendungen zum Einsatz kommen. In diesem Bereich ist auf Grund der personellen und technischen Anforderungen (z. B. große Mengen Wasser in kurzer Zeit oder Sonderlöschmittel auf dem Erstfahrzeug) bereits sehr früh auf Sonderlösungen gesetzt worden.

Trotz aller dieser Einschränkungen wird immer noch versucht bei allen Einsätzen in diesem taktischen System von vor über 80 Jahren zu arbeiten.

1.2 Rechtliche Grundlagen

Derzeit sind zwei Feuerwehr-Dienstvorschriften (FwDV 3 und FwDV 100) für den Einsatz eines Zuges grundlegend. Die restlichen Regelwerke für die Aufgaben eines Zugführers sind in keinen offiziellen Vorschriften hinterlegt. Hier sind Merkblätter der Landesfeuerwehrschulen und Ausbildungsstätten der Länder für Feuerwehren hinsichtlich der internen Festlegungen auf Kreis- bzw. Gemeindeebene oder weitere Fachliteratur verfügbar.

In der »Feuerwehr-Dienstvorschrift 3 – Einheiten im Lösch- und Hilfeleistungseinsatz« wird die Aufgabe des Zugführers wie folgt beschrieben:

»Der Zugführer führt den Zug im Einsatz. Er ist an keinen speziellen Platz gebunden; er ist über seine Befehlsstelle erreichbar.«

Im Weiteren erfolgen noch einige Festlegungen zur Einsatzleitung und Führung des Zuges sowie zur Befehlsgebung. Eine detaillierte Beschreibung der einzelnen Aufgaben des Zugführers ist in den Vorschriften nicht zu finden. Die Aufgaben der einzelnen Trupps bzw. des Gruppenführers sind dagegen sehr ausführlich und genau beschrieben. Das Wissen, im Einsatzfall das Richtige zu tun, soll der Zugführer aus den verschiedenen Taktikschemata gewinnen. Im klassischen Sinn nach FwDV 100 ergibt sich folgendes Handlungsschema:

- Erkunden
- Bewerten
- Entscheiden
- Befehlen
- Kontrollieren

Bild 3: ***Darstellung des Führungsablaufs als Handlungskette***

Ein exakter Handlungsablauf und eine genaue Aufgabenbeschreibung, wie wir diese beispielhaft für den Angriffstruppmann finden, fehlen gänzlich. Für den Gruppenführer ist gemäß der Feuerwehr-Dienstvorschrift 3 sein Handlungsfeld und sein Aufgabengebiet klar beschrieben. Hier finden sich durchaus klare Regelungen zum Ablauf eines Einsatzes (z. B. Einsatz mit bzw. ohne Bereitstellung). Auffällig ist in diesem Zusammenhang die immer noch starke Ausrichtung auf die Brandbekämpfung.

Für den Zugführer existieren diese Vorgaben nicht. Einzig der Befehl ist eindeutig geregelt. Dieser stellt aber nur das Ergebnis der gesamten Überlegungen im Sinne von Erkunden, Bewerten und Entscheiden dar.

In der ehemaligen Feuerwehr-Dienstvorschrift 5 wurde der Versuch unternommen, dem Zugführer in der taktischen Verwendung seines Zuges mit vier unterschiedlichen Einsatzformen eine Hilfestellung in der Verwendung seiner taktischen Einheiten zu geben. In Kapitel 3 wird auf diese Möglichkeit im Detail eingegangen. Durch Zusammenfassung der drei ursprünglichen Dienstvorschriften Staffel, Gruppe und Zug zur Feuerwehr-Dienstvorschrift 3 (FwDV 3) ist diese grundsätzliche taktische Gliederung entfallen. Begründet liegt dies in der Tatsache, dass bis zur Einführung der FwDV 3 die vorgehenden Dienstvorschriften sehr stark auf den Löschangriff ausgelegt waren, wobei auch die Feuerwehr-Dienstvorschrift 3 den Hilfeleistungseinsatz nur auf wenigen Seiten aufgreift und längst nicht so umfassend behandelt wie die Möglichkeiten eines Löschangriffs.

Die zweite und umfassendere Dienstvorschrift stellt die »Feuerwehr-Dienstvorschrift 100 – Führung und Leitung im Einsatz – Führungssystem« dar. In der FwDV 100 werden als Grundlage des taktischen Handelns alle systemisch relevanten Vorgänge und Abläufe beschrieben. Diese Beschreibung ist aber für alle Führungsstufen gedacht und anwendbar. Konkrete und praktikable Festlegungen und Abläufe für die Funktion des Zugführers fehlen. Trotzdem bietet diese Dienstvorschrift eine sehr gute Grundlage für das strukturierte Handeln im Einsatz und sollte von jedem Zugführer verstanden, beherrscht und angewendet werden können. Die Abläufe sind klar benannt und allgemein geregelt. Konkrete Angaben, im Sinne von wie »muss ich persönlich in der Funktion des Zugführers handeln«, sind aber nicht zu finden.

1.3 Aufgaben im Einsatz

In der Theorie sind die in den FwDV beschriebenen Abläufe für die meisten Zugführer bereits nach kurzer Zeit nachvollziehbar. Die einzelnen Handlungsschritte des Taktikschemas werden fast ohne Ausnahme von angehenden Zugführern theoretisch verstanden und können in den meisten Fällen richtig wiedergegeben werden.

In der Ausbildung ergeben sich verschiedenste Möglichkeiten, dieses theoretische Wissen auch praktisch zu vermitteln, zu erläutern bzw. zu erklären. Häufig kommt hier das Planspiel oder eine Planbesprechung als Methode zum Einsatz, um eine gewisse Routine im Umgang mit den theoretisch erlernten Abläufen zu erzeugen. In der Umsetzung haben aber fast alle diese Methoden das Problem, in der praktischen Anwendung zu versagen. Ursächlich hierfür ist der zeitliche Ablauf bei einem Planspiel bzw. einer Planbesprechung. Für das Verständnis des Führungsvorgangs wird dieser zeitliche extrem in die Länge gezogen und in entsprechende Einzelteile

Bild 4: ***Planspiellage***

zerlegt. In der Praxis muss dieser Entscheidungsprozess aber innerhalb weniger Sekunden erfolgen.

Von den Handlungsschritten (Erkunden, Bewerten, Entscheiden, Befehlen und Kontrollieren) wird in Übungssituationen, aber auch bei Realeinsätzen, abgewichen. Häufig ist festzustellen, dass die Ablenkung von der eigentlichen Aufgabe des Führens und Kontrollierens zunimmt und der Zugführer sich um Dinge kümmert, die vom Grundsatz her nichts mit seiner Aufgabe zu tun haben. In besonderen Fällen richtet sich der Fokus auf Sachverhalte, die keinen Einfluss auf den eigentlichen Einsatzerfolg haben. Diese häufig zu beobachtende Fokussierung auf Teilbereiche eines Einsatzes oder die Beschäftigung mit Kleinigkeiten führt in der Praxis zu einem Versagen in der Funktion des Zugführers. Die eigentliche Aufgabe wird nicht mehr wahrgenommen. Um sich über die Rolle im Einsatz als Zugführer klar zu werden, ist es wichtig, die Versagensgründe zu kennen, um bei kritischer Selbstreflexion beim nächsten Einsatz besser zu werden. Ein kleines Beispiel soll einen möglichen typischen Handlungsablauf beschreiben.

Sie werden mit Ihrer Freiwilligen Feuerwehr zum einem Brandeinsatz alarmiert. Das erste ausrückende Löschfahrzeug (HLF 20/16) ist voll besetzt, die Besatzung besteht aber aus vielen neuen und jungen Feuerwehrdienstleistenden. An der Einsatzstelle ergeht der Befehl an das erste HLF zur Brandbekämpfung unter Atemschutz bei einem Zimmerbrand im ersten Obergeschoss und die Rettung einer Person über tragbare Leiter. Zur Verhinderung des Raucheintrages in den Treppenraum soll der Angriffstrupp an der Wohnungseingangstür einen Mobilen Rauchverschluss setzen. Der Mobile Rauchverschluss wurde bei dem von Ihnen beschafften Fahrzeug nachträglich im Bereich des Geräteraums G 6 seitlich mit einer Halterung untergebracht, da zum Zeitpunkt der Fahrzeugbeschaffung vor sechs Jahren dieses Gerät noch nicht beschafft war.

Der Angriffstrupp hat bereits auf der Anfahrt Atemschutz angelegt und rüstet sich nun am Fahrzeug mit den weiteren Geräten aus. Der Einsatzbefehl ist vom Gruppenführer bereits erfolgt. Als Zugführer stehen Sie etwas abseits vom Fahrzeug und bekommen mit, dass der Trupp nun seine restliche Ausrüstung am Fahrzeug sucht (Mobiler Rauchverschluss, Strahlrohr und z. B. Brechwerkzeug). Für den Trupp ist dies einer der ersten echten Brandeinsätze und die Nervosität ist hoch. Die Geräte werden einfach nicht gefunden und der Maschinist sowie der Rest der Mannschaft sind mit der Entnahme der Leiter beschäftigt. Selbstverständlich unterstützen Sie nun den Trupp bei der Entnahme der Geräte, da Sie ja genau wissen, wo diese untergebracht sind, und geben noch Hinweise für den Einsatz bzw. ergänzen vielleicht noch den Befehl des Gruppenführers (z. B. die Schlauchleitung müsst Ihr Euch selber legen, da der Schlauchtrupp mit dem Wassertrupp die Steckleiter aufstellt). Für Sie als alter Hase ist dies selbstverständlich und darüber hinaus wurde ja das Fahrzeug von Ihnen geplant und beschafft.

Die gewählte Handlung ist nicht falsch, nur in diesem Moment entgeht Ihnen in vollem Umfang Ihre eigentliche Aufgabe als Zugführer: Sie sollen den gesamten Zug führen und überwachen. Besser wäre in diesem Fall gewesen, den Gruppenführer auf das Problem aufmerksam zu machen. Dieser hätte sicherlich in seiner Verantwortung das Problem gelöst und Sie können Ihrer eigentlichen Aufgabe nachkommen.

Wesentlich ist daher die Konzentration auf Ihre Kernaufgabe. Führen und Leiten des Einsatzes bzw. Ihres Zuges. In der praktischen Umsetzung ist dies nicht immer einfach, da in Stresssituation der Mensch gerne in bekannte Muster verfällt und es nicht dem Wesen eines Feuerwehrdienstleistenden entspricht, scheinbar nichts zu tun.

Auf Grund dieser zentralen Aufgabe ergibt sich die elementare Fragestellung:

- Wo befindet sich in der Anfangsphase der Einsatzschwerpunkt und wie kann dieser mit den vorhandenen Einsatzmitteln und -kräften bearbeitet werden?

In der Ausbildung hat sich hier eine einfache Fragestellung herausgestellt: Wo spielt die Musik?

Zusammenfassend ist daher als wesentliche Aufgabe in der Anfangsphase die Konzentration auf zwei Punkte zu komprimieren: Führen und Leiten des Einsatzes durch Erkennen und Ausrichtung aller Kräfte und Mittel auf den Einsatzschwerpunkt. Dies erfolgt durch Beobachten, Bewerten und Entscheiden und ist nicht geprägt von großer Aktivität (mit Ausnahme der Erkundung). Diese Tätigkeit kann auch als strategisches Handeln verstanden werden. Sie müssen einen Plan zur Abarbeitung mit den zur Verfügung stehenden Mitteln haben und diesen strukturiert und verständlich für die Umsetzung mitteilen.

Um hier passend Konfuzius zu zitieren:

»In der Ruhe liegt die Kraft«

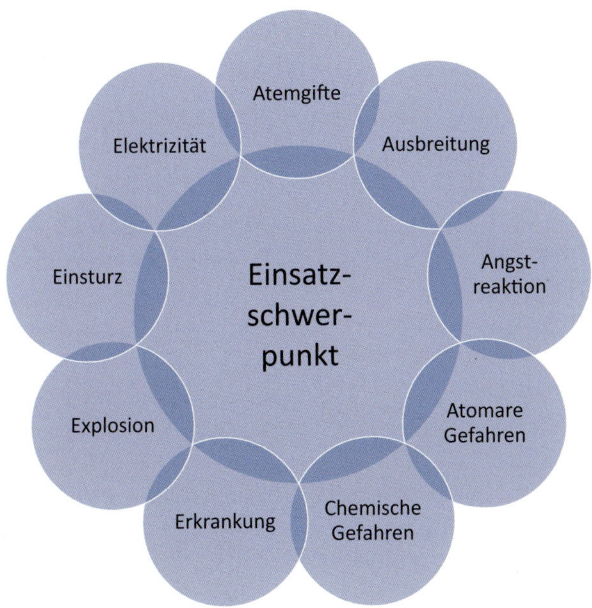

Bild 5: ***Fokussierung***

Die Aufgabe des Zugführers ist es nicht, sich überall einzubringen! Fokussieren Sie sich auf den Einsatzschwerpunkt. Führen und Leiten Sie den Einsatz.

2 Zusammensetzung des Zuges

2.1 Einsatztaktischer Wert von Fahrzeugen und Geräten

Zentrales Element in der Entscheidung, wie Mannschaft und Gerät zum Einsatz kommen, ist das Wissen über den einsatztaktischen Wert von Fahrzeugen und Gerät. In der Praxis wird dieses Wissen immer mit dem richtigen Anwenden gleichgesetzt. Dies ist aber nicht die Aufgabe des Zugführers, sondern der Mannschaft. Der Zugführer muss das Wissen über die Möglichkeiten und Grenzen seiner Fahrzeuge und Geräte besitzen. Im weitesten Sinn ist hier ein technisches Fachwissen erforderlich. Selbstverständlich spielten die Fähigkeiten der Mannschaft und Führungskräfte auch eine bedeutende Rolle.

Aus den genannten Gründen werden im Folgendem nicht alle Fahrzeugvarianten oder die neuesten technischen Geräte dargestellt, sondern der Zusammenhang zwischen Möglichkeiten und Alternativen. Alle technischen und taktischen Möglichkeiten der gesamten Palette an Fahrzeugen und Geräten darzustellen, übersteigt den Umfang, der für das Grundverständnis notwendig ist. Zudem sind die Möglichkeiten und Grenzen immer auch von den örtlichen Verhältnissen abhängig.

Wesentliche fahrzeugtaktische Merkmale sind:

- Art des Fahrzeuges
- Mitgeführte Wassermenge
- Gesamtpumpenleistung
- Art der tragbaren Leitern
- Art und Umfang der Rettungsgeräte (z. B. Sprungpolster etc.)
- Umfang der Ausstattung für die Technische Hilfeleistung
- Anzahl der Atemschutzgeräte
- Anzahl der Feuerwehrkräfte pro Fahrzeug (im speziellen der Atemschutzträger)
- Zweck des Fahrzeuges bei Sonderfahrzeugen (z. B. Feuerwehrkran, Großlüfter etc.)

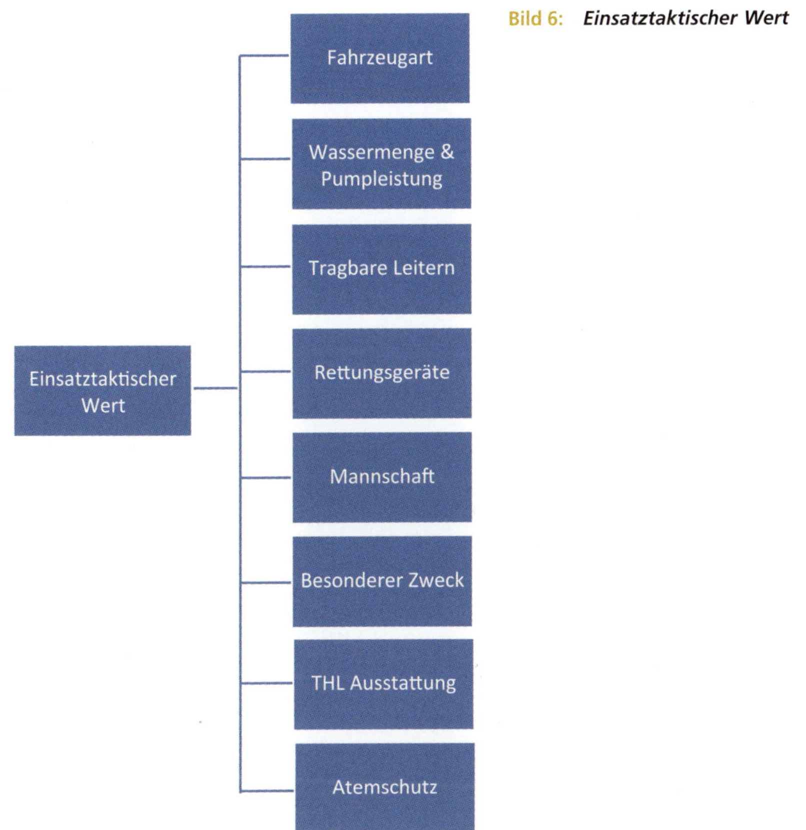

Bild 6: ***Einsatztaktischer Wert***

2.1.1 Beispiele zum einsatztaktischen Wert

Folgende Beispiele sollen die grundsätzliche Überlegung aus Sicht des Zugführers verdeutlichen. Im ersten Schritt sind die Bedingungen zu definierten, unter denen die Geräte verwendet werden, gefolgt vom Einsatzzweck, der Zeitdauer bis zum Wirksamwerden, dem notwendigen Personaleinsatz und eventueller Besonderheiten bzw. Grenzen.

Anfänglich wirkt diese Betrachtungsweise sehr abstrakt, sie dient aber dem Zweck, sich von der richtigen Anwendung zu lösen und den Fokus auf die Verwendung mit allen Vor- und Nachteilen zu richten. Ziel ist es, den einsatztaktischen

Wert der Geräte und Fahrzeuge zu kennen, um im Einsatzfall das richtige Mittel einzusetzen.

Schiebleiter

Einsatzmittel zur Personenrettung mit hohem Personal- und Zeitaufwand unter Bindung eines kompletten Löschfahrzeuges. Rettung bis zum dritten Obergeschoss möglich. Grenzen ergeben sich bei mobilitätseingeschränkten Personen und dem hohen Schwierigkeitsgrad beim Aufstellen für die Mannschaft.

Bild 7: ***Schiebleiter (Quelle: Berufsfeuerwehr München)***

Atemschutz

Einsatzmittel für die Brandbekämpfung und/oder Menschenrettung, bei Brandeinsätzen zwingend notwendig, um die Aufgabe effektiv und schnell durchzuführen. Teilaufgabe für eine Gruppe. Grenzen ergeben sich auf Grund der Anzahl an Atemschutzgeräteträgern im Löschfahrzeug.

Bild 8: ***Atemschutzgeräteträger mit Kind auf einer Holztreppe (Quelle: Berufsfeuerwehr München)***

Multifunktionsleiter

Einsatzmittel zur Personenrettung oder technischen Hilfe mit höherem Aufwand als bei Steckleitern, für besondere Situationen geeignet. Rettung bis zum zweiten Obergeschoss möglich. Grenzen ergeben sich bei mobilitätseingeschränkten Personen. Teilaufgabe für eine Gruppe. Im speziellen Fall z. B. auch für die Schachtrettung als Einhängeleiter verwendbar.

Bild: 9: ***Multifunktionsleiter (Quelle: Jochen Thorns)***

2.1.2 Anwendung des einsatztaktischen Wertes

Diese Betrachtungsweise ist sicherlich neu, ermöglicht es aber dem Zugführer die Leistungsfähigkeit seines Zuges einzuschätzen und aus diesem Wissen entsprechende Lösungen für den Einsatzfall zu planen. Eine wesentliche Komponente ist auch das Personal. In dieser Betrachtung wird nur von einer ideal ausgebildeten und erfahrenen Einsatzkraft ausgegangen.

Zur praktischen Anwendungen ergeben sich Fragen, die im Zusammenhang mit dem einsatztaktischen Wert gestellt werden können:

- Für was wird dieses Gerät verwendet?
  z. B. vierteilige Steckleiter zur Menschenrettung bis zum zweiten Obergeschoss
- Wieviel Personal brauche ich zum Einsatz des Gerätes?
  z. B. fünf Personen bei der Schiebleiter (faktisch ein Löschfahrzeug – da GF die Aufstellung koordiniert)
- Wo sind die Grenzen des Gerätes?
  z. B. Probleme bei der Rettung von mobilitätseingeschränkten Personen über tragbare Leitern oder Schwierigkeiten für die Mannschaft beim Einsatz des Gerätes
- Wie hoch ist der Zeitansatz bis zum Wirksam werden?
  z. B. Schaffung einer großen Seitenöffnung mit einem hydraulischen Rettungssatz beim Pkw-Unfall – Dauer ca. 10 min
- Wie sieht die Löschwasserversorgung aus?
  z. B. Reicht die Menge des Löschwassers zum Einsatz der ersten Rohre und wie lange kann damit gelöscht werden? Wann ist eine Wasserversorgung aufzubauen, um den eventuell erhöhten Bedarf (z. B. Einsatz eines Wasserwerfers zur Riegelstellung) zu decken?

Diese Fragestellungen lassen sich auf beliebige Problemstellungen übertragen und an verschiedene Aufgabenstellungen im Einsatzgesehen anpassen.

In der Erstphase des Einsatzes fehlt dem Zugführer aber die Zeit, diese Fragestellungen alle umfassend zu beantworten und die Überlegungen in die Entscheidung über das richtige Einsatzmittel einfließen zu lassen. In diesem Zusammenhang schafft hier nur die Erfahrung Sicherheit in der Anwendung.

Um die Erfahrung über den einsatztaktischen Wert zu erlangen, eignen sich die regelmäßigen Übungen in der Feuerwehr hervorragend. Nehmen Sie sich bei einer Übung die Zeit, etwas abseits zum Übungsgeschehen das Gesamte zu überschauen. Stellen Sie sich die oben dargestellten Fragen. Sie werden feststellen, dass es sich um eine neue Betrachtungsweise handelt, die aber für die Funktion des Zugführers zum Verständnis unerlässlich ist. Je häufiger Sie sich die Zeit für eine derartige Betrachtung nehmen, desto selbstverständlicher sind diese Überlegungen und Gedanken im Einsatzfall und je schneller und sicherer können Sie die richtigen Geräte einsetzen.

Nicht die operative Anwendung, sondern die Verwendung der Geräte und Fahrzeuge (strategische Planung) ist notwendig für den Zugführer, um die Optionen zu kennen und sich zusätzlich Gedanken über Alternativlösungen zu machen.

Letztendlich ergeben sich damit verschiedene Fragestellungen für den Zugführer (siehe Bild 10). Diese Fragestellungen dienen als Hilfestellung, um die gesamte Einsatzsituation zu erfassen und mit den vorhandenen Möglichkeiten abzuarbeiten, und um auch alternative Lösungen zu überlegen und ggf. einzusetzen.

Bild 10: ***Fragestellungen für den Zugführer (Grafik: W. Kohlhammer GmbH)***

2.2 Fahrzeugzusammensetzung eines Zuges

Die Standardisierung von Feuerwehrfahrzeugen (im Weiteren als Normung bezeichnet) erfolgte vom Grundsatz her zu Beginn des zweiten Weltkrieges. Im Jahre 1940 wurde eine einheitliche Bauvorschrift für Löschfahrzeuge erlassen. Auch die heute noch verwendeten Löschfahrzeuge gehen auf diese Bauvorschrift zurück, die eine Unterteilung in drei Typen vorsah:

- Leichtes Löschgruppenfahrzeug (LLG, das spätere LF 8),
- Schweres Löschgruppenfahrzeug (SLG, das spätere LF 15 bzw. LF 16)
- Großes Löschgruppenfahrzeug (GLG, das spätere LF 15 bzw. LF 16)

Die Ausstattung für die Brandbekämpfung und die Besatzung (1/8) hat sich vom Grundsatz her bis heute nicht wesentlich geändert. Anders im Bereich der technischen Beladung. Hier hat sich ein grundlegender Wandel vollzogen. Dies hat sich auch in der Normung und letztlich im Sprachgebrauch niedergeschlagen. Heute werden keine reinen Löschfahrzeuge, sondern bevorzugt Hilfeleistungs-Löschgruppenfahrzeuge beschafft. Von einem reinen Löschgruppenfahrzeug wird in der Folge

Bild 11: ***Löschzug 50er Jahre (Quelle: Berufsfeuerwehr München)***

deutlich seltener gesprochen. Auch gehören heute entsprechende Einrichtungen zum Aufnehmen der Atemschutzgeräte im Mannschaftsraum während der Fahrt zum Standard.

In der Gegenwart existieren eine große Menge an Normen für Feuerwehrfahrzeuge und Geräte. Die Änderung innerhalb der Norm werden teilweise sehr schnell vollzogen. In der Folge wird heute eine unüberschaubare Anzahl von verschiedenen Feuerwehrfahrzeugen angeboten. Vorstellbar sind daher neben der klassischen Zusammensetzung des Löschzuges aus:

- Einsatzleitwagen, zwei Löschfahrzeugen und einem Hubrettungsfahrzeug

auch die Kombinationen aus:

- Mehrzweckfahrzeug, Tanklöschfahrzeug mit Staffelbesatzung und drei Tragkraftspritzenfahrzeugen.

Gleiches gilt für den klassischen Rüstzug, der in der Regel aus Einsatzleitwagen, zwei Löschfahrzeugen und einem Rüstwagen besteht. Auch hier sind Kombinationen von Löschfahrzeugen, Tanklöschfahrzeugen, Gerätewagen und Tragkraftspritzenfahrzeugen möglich. Eine detaillierte Darstellung aller Fahrzeuge und Geräte eines Zuges,

Bild 12: ***Löschzug heute (Quelle: Berufsfeuerwehr München)***

die vom Grundsatz den Namen Lösch- oder Rüstzug verdienen, übersteigt die Möglichkeiten der Ausführungen und ist auch für das grundsätzliche taktische Verständnis unbedeutend.

2.2.1 Darstellung eines Zuges anhand taktischer Zeichen

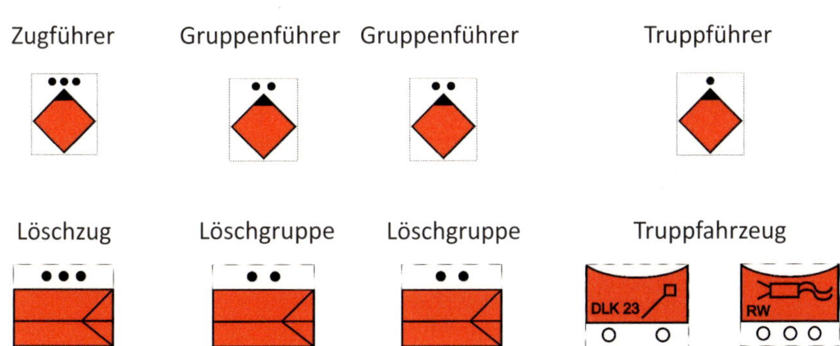

Bild 13: ***Darstellung des Zuges mit taktischen Zeichen***

Diese symbolhafte Darstellung wird in der Regel in Lagekarten oder zur prinzipiellen Darstellung der Einheiten verwendet. Der praktische Nutzen dieser Darstellung ist für den Ablauf des Führungsvorgangs im praktischen Realeinsatz von untergeordneter Bedeutung. Für taktische Grundüberlegungen, besonders im Rahmen der Ausbildung und zum Führen von Kräfteübersichten an der Einsatzstelle, hat sich diese Darstellung aber bewährt. Zudem werden diese für Erläuterungen der Einsatzformen benötigt.

Bei einer reinen Reduzierung auf die taktischen Symbole lassen sich alle Arten von Fahrzeugen für die Zusammensetzung eines Zuges darstellen. Vom einfachen Tragkraftspritzenfahrzeug mit Staffelbesatzung bis zum Hilfeleistungs-Löschgruppenfahrzeug sind alle Varianten möglich.

Grundsätzlich besteht der Zug aus folgenden Komponenten:

- Führungsfahrzeug
- Gruppen- bzw. Staffelfahrzeug 1 (HLF, LF etc.)
- Gruppen- bzw. Staffelfahrzeug 2 (HLF, LF etc.)
- Sonderfahrzeug (in der Regel Hubrettungsfahrzeug oder Rüstwagen) als Truppfahrzeug

Bewusst wurde in der weiteren Betrachtung die Maximalausstattung mit Hilfeleistungs-Löschgruppenfahrzeugen gewählt. Selbstverständlich kann die Zusammensetzung eines Zuges aus Löschgruppenfahrzeug LF 8, Tragkraftspritzenfahrzeug TSF und Tanklöschfahrzeug TLF 16 ergänzt mit Rüstwagen erfolgen.

Grundsätzlich sollte eine Mannschaftstärke von 22 innerhalb eines Zuges erreicht werden. Die Realität ist eine andere und teilweise werden bei den täglichen Einsätzen nur die Hälfte an Personal für einen Zug erreicht. Für die grundlegende Betrachtung der Einsatztaktik spielt dies keine Rolle, in der praktischen Ausführung können bei fehlendem Personal aber nicht mehr so viele Aufgaben gleichzeitig bearbeitet werden.

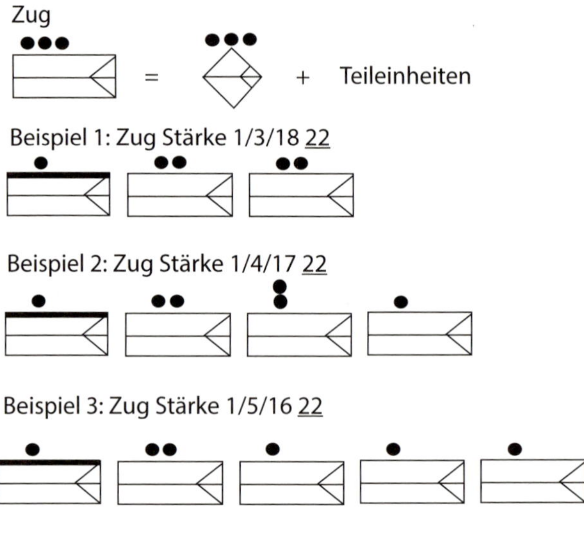

Bild 14: ***Gliederung eines Zuges nach FwDV 3***

2.2.2 Leistungsfähigkeit der Fahrzeuge

Neben den klassischen Sonderfahrzeugen im Zug mit Hubrettungsfahrzeug, Drehleiter, Rüstwagen oder Tanklöschfahrzeug können Schlauchwagen, Wasserrettungsfahrzeug, Feuerwehrkran, Rettungswagen etc. die Leistungsfähigkeit ergänzen. Die Besatzungen sind in der Regel in Stärke eines Trupps.

In welchen Fällen die Löschfahrzeuge mit einer Gruppen- oder Staffelbesatzung ausrücken, ist von den örtlichen Verhältnissen abhängig. Eine Besetzung eines

Bild 15: ***Wasserrettungsfahrzeug (Quelle: Berufsfeuerwehr München)***

Hilfeleistungs-Löschgruppenfahrzeugs mit nur einem Trupp, auf Grund personeller Problemstellungen, führt zu einer deutlichen Reduzierung der Möglichkeiten dieses Fahrzeuges, bzw. in der Folge für den gesamten Zug.

In dieser Betrachtung ist es wichtig, die Leistungsfähigkeit der einzelnen Fahrzeuge im Zusammenspiel mit Mannschaft und Gerät zu kennen. Der einsatztaktische Wert bildet hier wieder die Grundlage für die Leistungsfähigkeit von »Fahrzeugeinheit, Mannschaft und Gerät«. Diese Leistungsfähigkeit ist ausschlaggebend dafür, welche Aufgaben von welchen »Fahrzeugen« bewältigt werden können. Dies wird gerade bei den Sonderfahrzeugen deutlich. Das Aufgabenfeld eines Hubrettungsfahrzeugs oder eines Rüstwagens unterscheidet sich grundlegend von dem eines HLF.

In den obengenannten Überlegungen kommt ein wesentlicher taktischer Grundgedanke zum Tragen. Um die taktische Verwendung und das Ziel der Auftragstaktik besser umsetzen zu können, ist in der Regel das Denken in Fahrzeugen angebracht. Der Vorteil dieser grundlegenden Sichtweise ist, die gedankliche Lösung durch einfache Visualisierung für sich selbst, entsprechend praktisch und eindeutig umzusetzen. Diese Herangehensweise entspricht der Tatsache, dass der Mensch stark

Bild 16: ***Feuerwehrkran mit Begleitfahrzeug (Quelle: Berufsfeuerwehr München)***

visuell geprägt ist. Ausnahme in dieser einfachen Betrachtung bleibt hier nur das Führungsfahrzeug, da dieses als Führungsmittel anzusehen ist. Es sollte nicht nur als Transportmittel, sondern auch als Meldekopf, Erkundungsmittel und Schnittstelle zur Leitstelle gesehen werden. Wichtig ist daher, die am eigenen Standort vorhandenen Fahrzeugtypen und Besonderheiten in Bezug auf den einsatztaktischen Wert zu kennen.

2.3 Aufgabenverteilung innerhalb des Zuges

Die im vorherigen Punkt dargestellte Fahrzeugzusammensetzung ist auf Grund der örtlichen Gegebenheiten in verschiedenen Variationen denkbar. Folglich ergeben sich auch verschiedene technische und taktische Möglichkeiten, die Aufgaben innerhalb des Zuges zu verteilen. Durch die klassische Trennung der Aufgaben innerhalb der Gruppe in Angriffs-, Schlauch- und Wassertrupp sind die Tätigkeiten jedes Einzelnen wiederum klar geregelt.

Der geschichtliche Hintergrund dieser Einteilung ist auf die früher sehr einseitige Ausrichtung auf Brandeinsätzen zu sehen. Im Besonderen ist diese Aufteilung bei fehlendem Löschwasserbehälter auf dem Löschfahrzeug für die Bereitstellung des Löschmittels (z. B. Wasserentnahme offenes Gewässer) elementar. Bei Fahrzeugen mit Löschwasserbehälter ist heute eine andere Betrachtungsweise für die meisten Brandeinsätze notwendig und sinnvoll. Exemplarisch ist hier die Möglichkeit zu nennen, dass der Angriffstrupp beim Brandeinsatz seine Leitung selbst legt und der Maschinist den Schnellangriffsverteiler setzt. Dies ist häufig auf eine reduzierte Stärke beim Ausrücken zurückzuführen.

Bis zur Ebene der Gruppe sind die Aufgaben sehr eindeutig beschrieben. Beim Einsatz eines Zuges sind in der Regel zwei Gruppen im Einsatz. Die Zusammensetzung dieser Teileinheiten eines Zuges können sehr unterschiedlich sein. Je nach örtlichen Gegebenheiten können dies auch drei Staffeln, zwei Staffeln und ein Trupp sein. Für die Betrachtung der Besonderheiten in bestimmten Einsatzlagen wird von einem Zug mit zwei Gruppen bzw. zwei Staffeln ausgegangen.

2.3.1 Besonderheiten bei Brandeinsätzen

Die Aufgabenverteilung innerhalb der Gruppe ist durch die Feuerwehr-Dienstvorschrift 3 für verschiedene Aufgabenstellungen (z. B. Einsatz eines B-Rohres oder des Schnellangriffs) klar geregelt. Die Aufgabenverteilung im Einsatz kann zur Folge haben, dass die beiden Gruppen unterschiedliche Tätigkeiten ausführen.

- Gruppe 1 – Einsatz B-Rohr
- Gruppe 2 – Wasserentnahme aus offenem Gewässer

Die Tätigkeiten innerhalb der Teileinheiten sind wieder klar in der FwDV geregelt. Bei diesem Beispiel sind alle Aufgaben für den Zug und die Gruppen klar erkennbar. In der geschichtlichen Darstellung des dreiteiligen Löschangriffes wurde bereits vor über 80 Jahren die Ausrichtung auf den Innenangriff beschrieben.

Ein typisches Bild bei Brandeinsätzen ist aber, dass sich direkt im Bandgeschehen nur wenig Kräfte des Zuges befinden. Von den insgesamt idealen 22 Funktionen des Zuges ist häufig nur ein Trupp unmittelbar an der Brandstelle anzutreffen. In der reinen rechnerischen Betrachtung ergibt sich somit bei einem zweier Trupp nicht einmal 10 % Personalansatz des Gesamtzuges. Diese Betrachtung verdeutlicht das grundlegende Dilemma an vielen Einsatzstellen. Dort, wo sich das eigentliche Problem befindet (in diesem Fall der Brandherd), sind nur 10 % der zur Verfügung stehenden Mannschaft eingesetzt. Ein Blick in die Dienstvorschriften vermittelt die allseits bekannte Lösung. In der Folge sollte dann der Wassertrupp zum zweiten und der Schlauchtrupp zum dritten Angriffstrupp werden. Problematisch sind aber in diesem Zusammenhang der Zeitverzug und die Tatsache, dass häufig jeder Trupp seine eigene Leitung mit Strahlrohr vornimmt.

Für den Zugführer ergibt sich aus dieser Betrachtung eine weitere wichtige Merkregel:

Bei klarer Lage sind die Kräfte auf das Problem zu bündeln. Umgangssprachlich würde man sagen »keine Salamitaktik, sondern Draufhauen«.

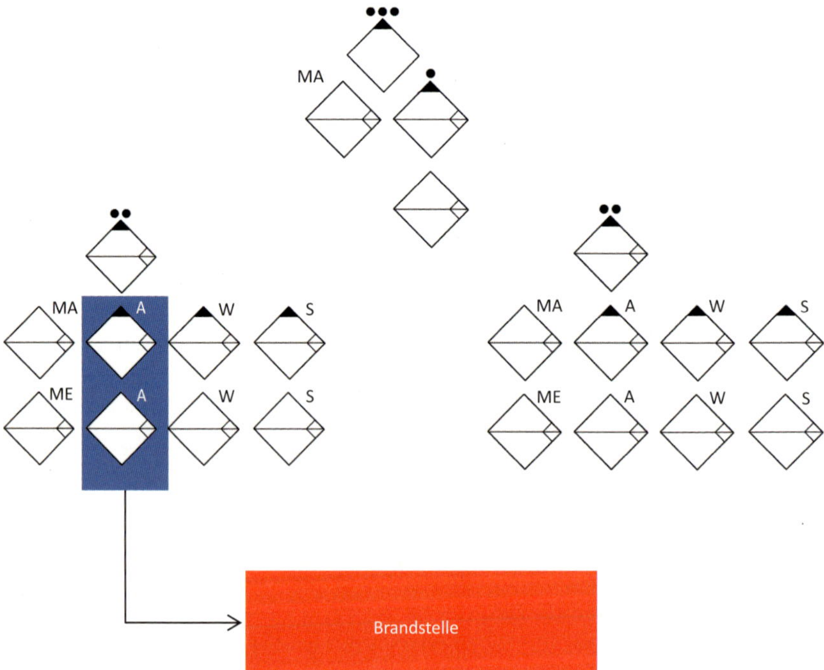

Bild 17: ***Verteilung Personal und Angriffstrupp***

Eine weitere Möglichkeit, um aus dieser Problemstellung zu entkommen, ist eine genauere Betrachtung des Angriffstrupps bzw. der vorhandenen Struktur der Gruppe bzw. Staffel. Gerade der Angriffstrupp ist beim Brandeinsatz hoch belastet. Neben der eigentlichen Aufgabe der Brandbekämpfung ist häufig eine Menschenrettung durchzuführen. Ferner haben in den letzten Jahren auch die Ausrüstungsbestandteile für den Trupp (z. B. Wärmebildkamera, Mobiler Rauchverschluss, Türöffnungswerkzeug, Fluchthaube etc.) stetig zugenommen. Trotz Halterungen und Taschen sind die Hände kaum frei, um die eigentliche Arbeit zu verrichten. Die einzige Möglichkeit, sich aus diesem Dilemma zu befreien, ist die Truppstärke zu überdenken. Selbstverständlich ist dies von den personellen Ressourcen abhängig.

Eine mögliche Lösung bietet hier die Stoßtrupptaktik. Eine gesamte Staffel unter Atemschutz geht zur Menschenrettung und Brandbekämpfung vor. Die Besonderheit dieser Verfahrensweise ist ebenfalls, dass der Gruppenführer mit zur Brandstelle vorgeht.

Bild 18: ***Stoßtrupp (Quelle: Berufsfeuerwehr München)***

Durch diese Maßnahme ergibt sich zwangsläufig die Aufgabenstellung für die erste Gruppe: Brandbekämpfung im Innenangriff. Die personelle Ausstattung dieser Einheit bringt aber den wesentlichen Vorteil, dass für die beiden Aufgaben Brandbekämpfung und Menschenrettung genügend Personal zur Verfügung steht. Gebunden ist dann ebenfalls das erste Fahrzeug für den Innenangriff. Wichtig ist in diesem Zusammenhang die Anmerkung, dass diese Taktik nicht bei einem angebrannten Essen oder einem Pkw-Brand im Freien zum Tragen kommt. Selbstverständlich hat diese Lösung auch Nachteile. Das erste Löschfahrzeug ist faktisch führungslos und der Gruppenführer ist für den Zugführer häufig nur über Funk ansprechbar. Weiterhin scheitert dieses System des Stoßtrupps, wenn die Fahrzeuge stückweise an die Einsatzstelle kommen.

Eine mögliche Lösung ist aber neben dem Einsatz von Angriffstrupp und Schlauchtrupp als erster Angriffstrupp mit vier Mann oder notfalls auch der Einsatz eines Dreier-Trupps. Hier wird funktional gesehen der Angriffstrupp durch den Melder ergänzt. Dieses Verfahren hat den großen Vorteil, dass im ersten Zugriff mindestens vier Atemschutzträger an der eigentlichen Schadenstelle tätig werden. Ist eine Personenrettung notwendig, können die beiden Aufgaben Brandbekämpfung und Menschenrettung immer noch parallel abgearbeitet werden.

2.3.2 Besonderheiten bei der Technischen Hilfeleistung

Bei der Technischen Hilfeleistung bleiben zwar die Bezeichnungen der Trupps gleich, verdeutlichen aber die tatsächliche Aufgabe des Trupps nicht eindeutig. Besser erscheint hier eine Unterteilung in:

- Rettungstrupp (Angriffstrupp) – rettet die Person und setzt die erforderlichen Geräte ein
- Sicherungstrupp (Wassertrupp) – sichert die Einsatzstelle gegen weitere Gefahren ab
- Gerätetrupp (Schlauchtrupp) – stellt die technischen Geräte für den Rettungstrupp (Angriffstrupp) bereit

Die Aufgabenverteilung ergibt sich ebenfalls aus der Feuerwehr-Dienstvorschrift 3. Auf Grund der Komplexität der Technischen Hilfeleistung erfolgt in den Dienstvorschriften keine genaue Aufgabenbeschreibung für die einzelnen Trupps, vergleichbar wie im Löschangriff. Lediglich die Grundaufgaben sind dort beschrieben. Hier kann für die einzelnen notwendigen Aufgaben der Trupps auf die »Feuerwehr-Dienstvorschrift 1 – Grundtätigkeiten« zurückgegriffen werden.

Auf der Führungsebene bedeutet dies einen Wechsel im Führungsstil. Dieser ist nun stärker von Kooperation geprägt. Gleiches gilt auf der Ebene des Zugführers. Der Grundsatz der Auftragstaktik bleibt zwar erhalten, muss aber einen höheren Detailgrad erhalten. Häufig erfordert es die Aufforderung an die Gruppenführer bzw. Einheitsführer, eigene Ideen einzubringen, um die angestrebte Lösung umzusetzen. Ebenfalls kann dies je nach Aufgabe den Einsatz eines Spezialisten erfordern. Beispielhaft ist nicht jeder im Umgang mit einem Trennschleifer geübt.

Befindet sich in der Mannschaft dann beispielsweise ein Metallbauer oder Schlosser, ist es ratsam, dass dieser den Trennschleifer bedient.

2.3.3 Besonderheiten bei ABC-Einsätzen

Ähnlich wie bei der technischen Rettung erfolgt die Aufgabenverteilung nach Dienstvorschrift innerhalb der Gruppe ebenfalls nach Angriffs-, Wasser- und Schlauchtrupp. Die Aufgabenwahrnehmung gemäß Feuerwehr-Dienstvorschrift 500 ist aber anders als im Brandeinsatz. Wie bei der Technischen Hilfeleistung eignen sich für die Funktion andere Bezeichnungen besser.

- Arbeitstrupp (Angriffstrupp) – ABC-Ersteinsatz in der Regel mit Sonderschutzkleidung
- Sicherungstrupp (Wassertrupp) – Absperrung und Sicherungstrupp
- Gerätetrupp (Schlauchtrupp) – Gerätevorbereitung, Dekon-Einheit und Sicherungsaufgaben

In diesem Fall liegt ein gewisses Mischsystem zwischen Brandeinsätzen und Technischen Hilfeleistungen vor. Der Wassertrupp wird wie bei Brandeinsätzen zum Sicherungstrupp bzw. zweiten Angriffstrupp, der Schlauchtrupp bleibt bei seiner eigentlichen Aufgabe, übernimmt aber Sicherungsaufgaben. Die zweite Gruppe übernimmt häufig die Struktur der ersten Gruppe und wird entsprechend zur Unterstützung in den einzelnen Aufgaben herangezogen.

In der Führungsarbeit bedeutet dies für den Zugführer ein differenziertes Vorgehen bei der Umsetzung seiner Aufträge und der Gliederung der taktischen Einheiten. Die Gruppen arbeiten hier geschlossen zusammen mit dem Gerät eines Fahrzeuges, ergänzt durch Schutzkleidung und Atemschutz des zweiten Fahrzeuges. Sondergeräte kommen dann vom Rüstwagen oder Gerätewagen Gefahrgut zum Einsatz.

2.3.4 Einbindung von Sonderfahrzeugen

Eine weitere Besonderheit in der Aufgabenverteilung des Zuges ist das sogenannte Unterstellungsverhältnis von Fahrzeugen. Wie bereits dargestellt, wird der Zug im Regelfall durch Sonderfahrzeuge ergänzt. Häufig wird dabei dieses Sonderfahrzeug einem Löschfahrzeug unterstellt und die Aufgabe der Gruppe mit dieser Möglichkeit erweitert.

Für eine klarere Aufgabentrennung hat sich die Bildung einer eigenen taktischen Einheit bewährt. Gerade bei dem Hubrettungsfahrzeug ist es bei Brandeinsätzen mit Menschenrettung sinnvoll, dieses als eigenständige taktische Einheit zu verwenden. Ansprechpartner für den Zugführer ist dann der Truppführer des Fahrzeuges. Die taktische Idee des Denkens in Fahrzeugen wird mit dieser Variante umfänglich ausgeführt.

2.4 Mannschaft

Das zentrale Element für den erfolgreichen Einsatz ist der Mensch in seinem technischen und mit klaren Strukturen versehenen Handeln. Dies ist sicherlich nichts Neues, aber elementar für die effektive Lösung der Probleme an der Einsatzstelle. In diesem Zusammenhang sind grundsätzlich zwei Faktoren entscheidend:

1. Ausbildung
2. Erfahrung

2.4.1 Ausbildung

Die Ausbildung hat sich im Laufe der letzten 15 Jahre stark gewandelt. Standen früher eher theoretische Lerninhalte im Vordergrund, sind es heute die vielen praktischen Anteile, welche die Ausbildung effektiv machen.

Die Angebote der Landesfeuerwehrschulen bzw. allg. der Ausbildungsstätten für die Feuerwehren haben sich ebenfalls in der Anzahl der unterschiedlichen Lehrgänge extrem ausgeweitet. Sieht man sich exemplarisch die Ausbildung der Atemschutzgeräteträger an, war diese früher stark durch Gewöhnungsübungen, Belastungsübungen (z. B. Endlosleiter) und Atemschutzstrecken geprägt. Heute sind Besuche in Wärmegewöhnungsanlagen, das Üben der richtigen Löschtechnik mit Hohlstrahlrohren oder das Öffnen von Türen ein Teil des Standartprogramms.

Auch das reine Lernen von Fakten (z. B. die Anzahl der Sprossen und die Holzart einer Steckleiter) ist in vielen Ausbildungen dem Anwendungsüben (z. B. Aufstellen einer Steckleiter) gewichen.

Zusammenfassend ist festzustellen, dass die Ausbildungsqualifizierung der Mannschaft und die Ausrichtung auf die Praxis deutlich zugenommen haben.

2.4.2 Erfahrung

Im Gegensatz zur Ausbildung ist die Erfahrung zu betrachten. Die Anzahl der Brandeinsätze ist rückläufig. Durch die Rauchmelderpflicht in den Bauordnungen ist die Brandfrüherkennung beim Wohnungsbrand deutlich gestiegen. In der Folge sind die Eingreifzeiten bei Zimmerbränden immer kürzer geworden. Es brennt nicht mehr so heftig wie früher. Gleiches ist bei Verkehrsunfällen zu beobachten. Die Anzahl der Verkehrsunfälle ist rückläufig und die Anzahl der Eingeklemmten bei Unfällen ist auf Grund der Sicherheitseinrichtungen in Fahrzeugen ebenfalls rückläufig. Wichtig in diesem Zusammenhang ist, dass diese Entwicklungen zum Wohle des Menschen extrem positiv sind. In der Folge finden daher immer weniger kritische Zimmerbrände und schwierige Technische Hilfeleistungen statt. Demzufolge sinkt aber auch die Erfahrung bei den Feuerwehren und die Routine bei derartigen Einsätzen.

Einzig eine Intensivierung der praktischen Ausbildung bleibt als Lösung für die Feuerwehren, insbesondere für Führungskräfte, um im Einsatzfall auf einen gewissen Erfahrungsschatz zurückgreifen zu können. Auch das Üben mit einem kompletten Zug ist daher möglichst realistisch nachzustellen. Der Weg sollte zu einem ganzheitlichen Üben gehen, bei dem die Mannschaft die Anwendung und die Führungskräfte die Verwendung der Geräte trainiert.

Neben diesen beiden offensichtlichen Bedingungen, um auf eine effektive Mannschaft zurückgreifen zu können, haben noch weitere Faktoren einen Einfluss auf die Leistungsfähigkeit des Personals. Auf der einen Seite sind dies die Persönlichkeitsmerkmale der einzelnen Menschen mit ihren Stärken und Schwächen. Auf der anderen Seite spielen aber auch zwischenmenschliche Problemstellungen eine Rolle. Im Einsatzfall sind beide Faktoren von Bedeutung für den erfolgreichen Einsatz. Eine detaillierte Darstellung geht aber über den Rahmen einer einsatztaktischen Betrachtung hinaus. Für den Zugführer ist es wichtig zu wissen, dass er seine Arbeit als Führungskraft noch so gut machen kann, es aber im Einsatz Faktoren gibt auf die er kurzfristig keinen Einfluss hat.

Dies soll nicht als Entschuldigung für verbesserungswürdige Einsätze genutzt werden, sondern eine Hilfestellung für die Ursachenforschung sein. Die Chance einer differenzierten Betrachtung der Einflussfaktoren ist eine stetige Verbesserung des Hilfeleistungssystems Feuerwehr.

3 Einsatzformen des Zuges

3.1 Entwicklung der Einsatzformen

Die aus der ehemaligen »Feuerwehr-Dienstvorschrift 5 – Zug im Löscheinsatz« möglichen Einsatzformen sind, wie der Titel dieser Dienstvorschrift schon vorgibt, stark geprägt von der Brandbekämpfung. Trotzdem ermöglichen diese grundlegenden Varianten eine Sicht auf die taktische Verwendung der Einheiten im Zugverband. Aus dieser Betrachtung können bei verschiedenen Einsatzlagen entsprechende Vorteile, aber auch Problemstellungen hergeleitet werden. In der aktuellen FwDV 3 werden die vorgestellten Begriffe nicht mehr verwendet. Im Zuge der Überarbeitung der Dienstvorschriften ist FwDV 5 entfallen.

3.2 Arten der Aufteilung in der alten FwDV 5

In der alten Feuerwehr-Dienstvorschrift 5 waren insgesamt vier verschiedene Einsatzformen dargestellt, die auf Grund der klassischen Ausrichtung sich mit verschiedenen Brandlagen eindeutig erklären lassen.

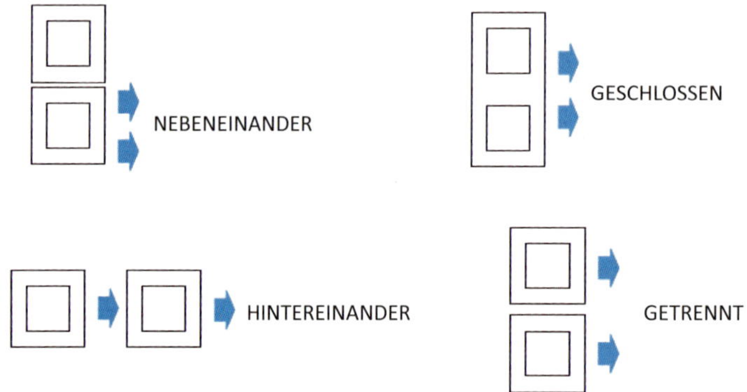

Bild 19: ***Systematische Darstellung der Einsatzformen nach der alten FwDV 5***

3.2.1 Einsatzform nebeneinander

Diese Form ist geprägt vom Arbeiten über ein Fahrzeug. Das zweite Fahrzeug bleibt in Reserve und wird für den Auftrag nicht eingesetzt. Beide Gruppen verwenden die selbe Feuerlöschkreiselpumpe und das Gerät vom ersten Fahrzeug. Jede Gruppe verwendet einen eigenen Verteiler. Eine räumliche Aufteilung der Gruppen in verschiedene Abschnitte ist möglich. Vorstellbar ist diese Einsatzform im Hinterhofbereich oder bei Durchführung einer Riegelstellung auf zwei Seiten eines Gebäudes. Grenzen sind in der Verfügbarkeit von Atemschutzgeräten aus einem Fahrzeug zu sehen.

In leicht abgewandelter Form kann diese Taktik auch für den klassischen Gefahrguteinsatz verwendet werden. Das zusätzlich benötigte Material für den Einsatz der zweiten Gruppe kann in diesem Fall beispielhaft von einem Gerätewagen kommen.

Führungstechnisch ist die Form durchaus problematisch, da normalerweise nur ein Gruppenführer für diesen Bereich benötigt wird. Es besteht die Gefahr von Doppelarbeiten und der Befehl an die einzelnen Einheiten ist schwierig.

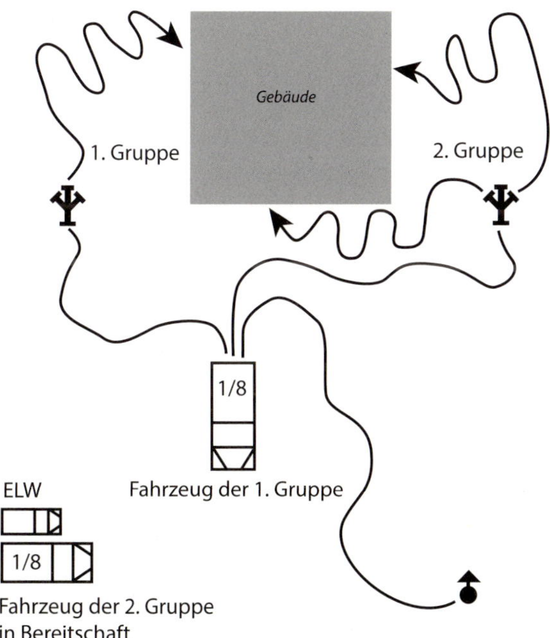

Bild 20: ***Nebeneinander nach FwDV 5 (Grafik: W. Kohlhammer GmbH)***

3.2.2 Einsatzform hintereinander

Diese Form findet ihre klassische Verwendung im Bereich der Löschwasserentnahme aus offenen Gewässern, in Verbindung mit einem Löschangriff der zweiten Gruppe. Ferner wird diese Form bei langen Schlauchstrecken verwendet. Die erste Gruppe stellt das Löschwasser bereit und die zweite Gruppe führt den Löschangriff durch. Diese Form ist im städtischen Umfeld seltener zu finden, da hier die Hydrantenversorgung und die mitgeführte Löschwassermenge häufig ausreichend sind. Beide Gruppen sind in dieser Form aufeinander angewiesen und tragen beide mit unterschiedlichen Aufgaben zum Gesamterfolg bei.

Bei genauer Betrachtung könnte auch die Einsatzform getrennt verwendet werden. Im Führungssegment sind hier zwei Gruppenführer notwendig. Wesentlich ist die Abhängigkeit von beiden Gruppen für die Erfüllung einer Aufgabe.

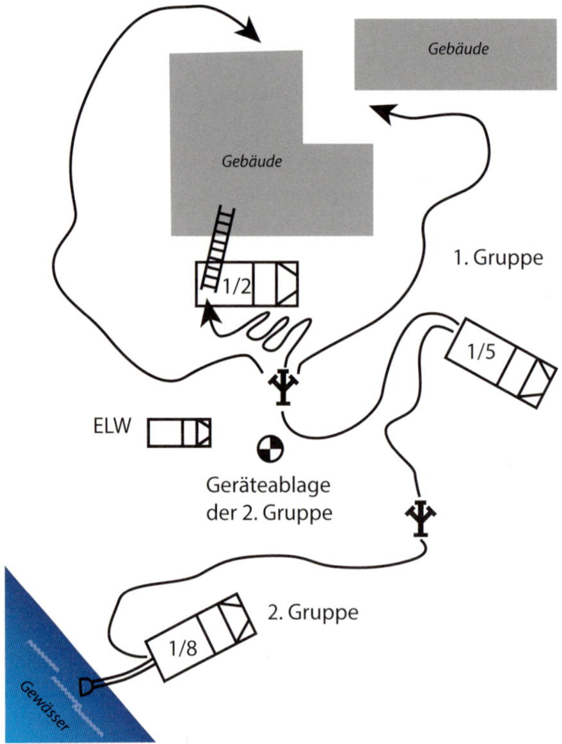

Bild 21: ***Hintereinander nach FwDV 5 (Grafik: W. Kohlhammer GmbH)***

3.2.3 Einsatzform geschlossen

Die »geschlossene Form« ist eine Abwandlung der Form »nebeneinander«. Die erste Gruppe richtet die Löschwasserversorgung her, die zweite Gruppe übernimmt die aufgebauten Leitungen und führt den Löschangriff aus. Vorstellbar ist auch der Aufbau des Wasserwerfers von dem Hubrettungsfahrzeug und eines B-Rohres vom ersten Fahrzeug aus. Diese Art des Aufbaus ist ebenfalls bei einem Schaumangriff sinnvoll, da hier bei der klassischen Verwendung der Aufwand zum Aufbau der Leitungen (Zumischer, Schaummittelkanister etc.) sehr personalintensiv ist.

Es handelt sich bei dieser Einsatzform um eine, die in der Praxis durchaus ein gewisses Konfliktpotenzial bietet, da die erste Gruppe alles vorbereitet und die zweite Gruppe dann löschen »darf«. Auch führungstechnisch ist bei genauer Betrachtung im Laufe des Einsatzes nur ein Gruppenführer notwendig.

Bewährt hat sich diese Form in leichter Abwandlung bei ABC-Einsätzen. Hier wird die Struktur der ersten Gruppe durch Personal der zweiten Gruppen unterstützt. Abweichend kommen aber Schutzkleidung und Atemschutzgeräte vom zweiten

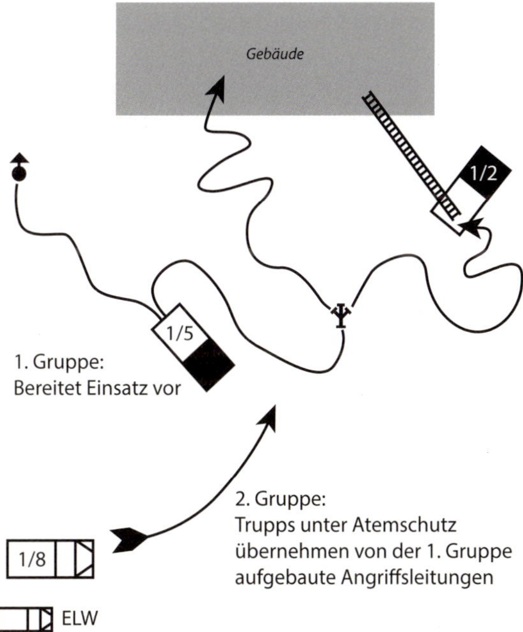

Bild 22: ***Geschlossen nach FwDV 5 (Grafik: W. Kohlhammer GmbH)***

Fahrzeug zum Einsatz. Der zweite Gruppenführer kann dann für die Informationsgewinnung oder rückwärtige Aufgaben genutzt werden. Ansonsten ist auch ein Herauslösen der Dekon-Einheit aus der ersten Gruppe denkbar. Gleiches gilt für die Form nebeneinander für ABC-Einsätze. In diesem Zusammenhang wird die deutliche Ausrichtung der Einsatzformen auf Brandeinsätze verständlich.

3.2.4 Einsatzform getrennt

Die »Einsatzform getrennt« wird am häufigsten umgesetzt und ist die mit der heutigen Fahrzeugtechnik am sinnvollsten zu verwendende Einsatzform. Jede Gruppe bzw. jedes Sonderfahrzeug erhält einen eigenen Auftrag mit einem entsprechend räumlich getrenntem Abschnitt. Die Auftragstaktik ist hier ideal anwendbar. Die Aufgaben werden nicht durchmischt und der einsatztaktische Wert wird in vollem Umfang eingesetzt. Das Denken in Fahrzeugen spiegelt die Umsetzung dieser Arbeitsweise ideal für den Zugführer wider.

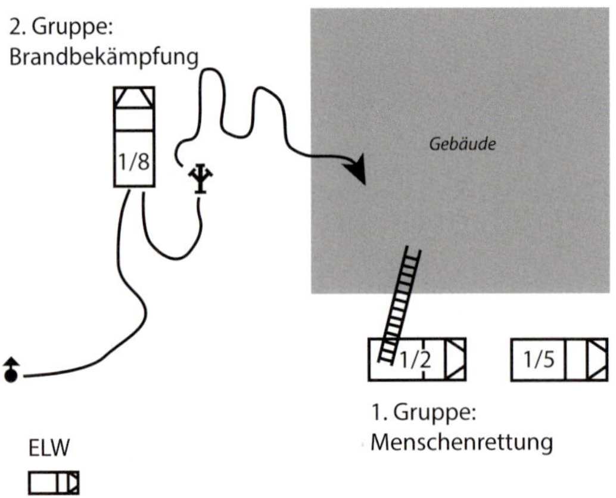

Bild 23: ***Getrennt nach FwDV 5 (Grafik: W. Kohlhammer GmbH)***

Die ursprünglich starke Ausrichtung auf Brandeinsätze lässt sich aber bei genauer Betrachtung auch auf Technische Hilfeleistungen und ABC-Einsätze anwenden. Versucht man alle Einsatzformen mit den verschiedenen Einsätzen darstellerisch abzubilden, ergibt das zwölf verschiedene Formen. Vier für Brandeinsätze, vier für die Technische Hilfe und vier für ABC-Einsätze. Der praktische Nutzen in der Anwendung aller zwölf Einsatzformen ist nicht mehr erkennbar.

Grundsätzlich eignet sich aber auch bei der technischen Rettung die »Einsatzform getrennt« bei einem klassischen Verkehrsunfall mit zwei Fahrzeugen am besten. Die erste Gruppe kann an dem einen Pkw und die andere Gruppe am zweiten Pkw arbeiten.

Bei Lkw-Unfällen wäre noch die »Einsatzform hintereinander« sinnvoll. Die erste Gruppe bereitet das Auseinanderziehen oder Heben der/des Lkw vor, die zweite Gruppe führt dann die Befreiung des Eingeklemmten durch.

Im Bereich von ABC-Lagen bietet sich die »Einsatzform geschlossen« an. Der Zugang zur Schadstelle erfolgt in der Regel über den Dekon-Platz, die Geräte für die Schadenbeseitigung sind bereits vor Ort und die Mannschaft des zweiten Fahrzeuges unterstützt (in der Regel mit weiteren Chemieschutzanzügen) die erste Mannschaft vor Ort. In abgewandelter Form ist auch die »Einsatzform hintereinander« (wie beschrieben) vorstellbar.

3.3 Praktischer Nutzen der Einsatzform

Durch die hohe Kombinationsmöglichkeit von unterschiedlichen Einsatzgebieten, Einsatzformen und den Fahrzeugzusammensetzungen, ergibt sich eine unüberschaubare Menge an Möglichkeiten für den Einsatz eines Zuges. Für die Einheitsführer spielen diese Formen zur Aufgabenbewältigung eine untergeordnete Rolle, für das taktische Verständnis und im Besonderen für das Zusammenwirken der einzelnen Einheiten sind diese Formen aber äußerst hilfreich.

Durch die richtige Einsatzform können systemische Fehler in der Umsetzung der Aufgabe vermieden werden. Gerade die Einsatzform nebeneinander und geschlossen führen in der Praxis zu vielen Missverständnissen in der Umsetzung, da sich die Aufgaben überschneiden und auch die beiden Gruppenführer sich genau an ihren Befehl halten müssen.

Die Betrachtung der Einsatzformen und der Möglichkeiten des Zuges sind für den Zugführer ein wichtiges theoretisches Grundverständnis für den effektiven Einsatz. Die Nennung der Einsatzform im Befehl macht daher keinen Sinn, da die Bedeutung für den Einsatz der Gruppe keine Auswirkung hat. Aus dieser Betrachtung ergibt sich für den Zugführer folgende Merkregel.

Systemisch ist die »Einsatzform getrennt« in den meisten Einsätzen die beste Lösung für eine klare Aufgabenverteilung.

4 Taktische Schemata und ihre Anwendung

4.1 Entwicklung der Taktikschemata

Mit Veröffentlichung des Buches »Das Taktikschema« von Heinrich Schläfer (ehemaliger Leiter der Feuerwehrschule München) im Jahre 1985 wurde erstmalig der Führungsablauf für die Anwendung bei der Feuerwehr systematisch erfasst und dargestellt. Diese aus der Regelungstechnik stammende Grundidee einer Beschreibung der Abläufe wird bis heute von vielen Führungskräften angewendet. In der Regelungstechnik werden durch Messen entsprechende physikalische Werte erfasst, bewertet (Abgleich mit dem optimalen Wert) und entsprechend angepasst. Als technisches Beispiel ist hier der Heizkörperthermostat zu nennen. Dieser gleicht die eingestellte Temperatur mit der Zimmertemperatur ab und regelt dann über ein Ventil die Wärme des Heizkörpers (ständiger Soll/Ist-Abgleich). Übertragen auf den Führungsvorgang bedeutet dies Erkunden (Messen), Entscheiden (Abgleich) und Befehlen (Anpassen).

Nachdem dieses Schema sehr verständlich gehalten ist, hat sich gerade in der Ausbildung die Notwendigkeit ergeben, ein detailliertes Ablaufschema zu entwickeln, welches die entsprechende Schritte in der Entscheidung noch eindeutiger darstellt.

Das Ablaufschema von Herrmann Schröder (ehemaliger Leiter der Landesfeuerwehrschule Baden-Württemberg in Bruchsal) versucht den Ablauf des Führungsvorgangs in einem Handlungsablauf zu beschreiben. Die Darstellung und die Begriffe dieses Schemas sahen erstmalig auch eine genauere Betrachtung nach Hauptgefahr und Möglichkeiten vor.

Literaturtipp:

Eine genaue Beschreibung kann dem Roten Heft »Einsatztaktik für den Gruppenführer« von Herrmann Schröder entnommen werden.

Signifikant für beide Darstellungen ist der Ursprung in der Ausbildung. Hier besteht bis heute die Notwendigkeit, den Führungsvorgang im Detail darzustellen und für die angehende Führungskraft transparent zu gestalten.

Die weitere Entwicklung der Taktikschemata ist aus diesem Grund stark durch die Anforderungen in der Ausbildung geprägt. Die Darstellung diverser Schemata (z. B. der staatlichen Feuerwehrschulen in Bayern oder dem Institut der Feuerwehr in NRW) wurden inhaltlich durch Erläuterungen oder Standardsätze erweitert. Die Standardsätze ermöglichen es dem angehenden Zugführer, Schritt für Schritt den Ablauf einzuüben.

In der Ausbildung sind diese verschiedenen Schemata extrem hilfreich, um den Führungsvorgang zu üben und ein grundlegendes Verständnis für die Abläufe zu entwickeln. In der Praxis versagen diese aber, da die Abwägungen und Überlegungen, welche zu einer Entscheidung führen, in wenigen Augenblicken zu treffen sind. Erfahrungsgemäß ist zwischen den Planspielen in der Führungsausbildung und dem praktischen Üben als Zugführer ein gewisser Zeitraum einzuhalten. Erfolgt eine praktische Einsatzübung unmittelbar nach einer Planübung, ist diese Übung zum Scheitern verurteilt.

Der Entscheidungsprozess dauert im Planspiel regelhaft ca. zehn Minuten, in der praktischen Ausbildung erfolgt diese Entscheidung innerhalb weniger Sekunden. In der Folge versucht der Zugführer in der Praxisübung sehr lange die Entscheidung gedanklich zu fassen, während die Gruppenführer häufig diese Entscheidung des Zugführers ab- und erwarten, ehe sie handeln. In der Ausbildung ist dies unkritisch, da die Gruppenführer warten können, bis die Entscheidung getroffen wurde. In der praktischen Umsetzung bei Einsätzen ist dieses Phänomen leider auch zu beobachten. Im Besonderen, wenn die Ausbildung zum Zugführer nur durch Planspiele erfolgt. Im realen Einsatz beginnen die Gruppenführer häufig bereits ohne Befehl des Zugführers mit den Arbeiten, damit der Einsatz »läuft«. Der unerfahrene Zugführer hat vielleicht eine optimale Lösung für den Einsatz, die Umsetzung wird aber extrem schwierig, da die Gruppen bereits angefangen haben »ihre« Lösung umzusetzen.

Die Schwierigkeit liegt in der Praxis darin, eine gute und durchführbare Lösung für die Kräfte in sehr kurzer Zeit gedanklich zu planen und in einem verständlichen Befehl an die Einheiten weiterzugeben.

4.2 Grundlegende Elemente des Führungsvorgangs

Zum Verständnis der Abläufe ist eine grundlegende Erkenntnis der einzelnen Elemente des Führungsvorgangs notwendig. Weitere Details können der Feuerwehr-Dienstvorschrift 100 entnommen werden.

4.2.1 Erkundung

Wesentlich für die Beurteilung einer Schadenlage ist die Erkundung. Unter Erkundung wird der Vorgang der Informationsgewinnung über den Schaden verstanden. Die Erkundung kann entweder vom Zugführer selbst durchgeführt werden oder durch sogenannte Erkundungsaufträge, die von ihm erteilt werden.

Randparameter wie Wetter, Tageszeit oder Windverhältnisse spielen bei den Standardeinsätzen eine untergeordnete Rolle.

Wichtig ist bei Eintreffen an der Schadenstelle, sich schnell einen groben Überblick über die Lage zu machen. In der Praxis hat sich daher eine Ersterkundung (Überblick verschaffen) und eine folgende Detailerkundung bewährt.

In der Ersterkundung werden alle wichtigen Informationen für den ersten Zugriff des Zuges gesammelt. Folgende Informationen sind wichtig:

- Art des Einsatzes (Brand, THL oder ABC)
- Anzahl der betroffenen Personen mit grober Örtlichkeit
- Umfang der Gefahren für die betroffenen Personen
- Zugänglichkeit und räumliche Gegebenheiten am Schadensort

Aus diesen Informationen kann bereits in der Planung eine erste Entscheidung über die notwendigen Maßnahmen getroffen werden. Selbstverständlich wäre es wünschenswert, alle relevanten Informationen über das Schadenereignis schon zu Beginn des Einsatzes gesammelt zu haben. Die Zeitspanne, die für eine Erkundung notwendig wäre, um alle Informationen zu erhalten, ist aber mitunter in der Praxis zu hoch. Dringende Einsatzmaßnahmen (z. B. Menschenrettung über tragbare Leiter, Sprungpolster zur Absicherung einer absturzgefährdeten Person etc.) könnten sich verzögern.

Der scheinbare Vorteil der Vergabe von Erkundungsaufträgen, wird in der Praxis durch die Informationsübermittlung vom Erkundenden wieder zunichte gemacht. Bei räumlich größeren Schadenlagen kann diese von Vorteil sein. Bei Standardeinsätzen ist es ratsam, die Erkundung selbst durchzuführen.

4.2.2 Beurteilung

Die Beurteilung umschreibt den Vorgang des Abwägens von mehreren Lösungsmöglichkeiten für das festgestellte Problem. Klassisch wird in der Lehre die Hauptgefahr bestimmt und überlegt, welche Möglichkeiten zur Gefahrenbeseitigung am geeignetsten sind. Unter Abwägung aller Einflussfaktoren (in der Hauptsache Schnelligkeit

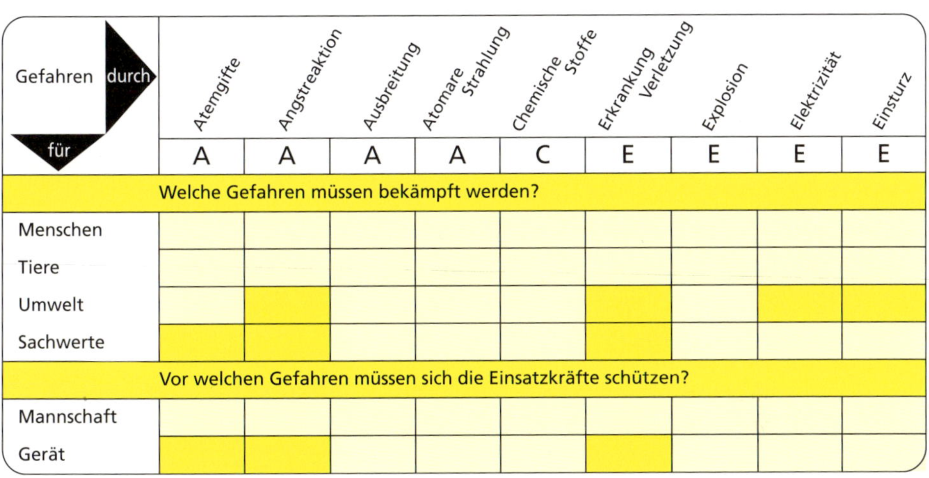

Bild 24: ***Die Gefahrenmatrix (Grafik: W. Kohlhammer GmbH)***

und Machbarkeit) wird eine Entscheidung getroffen. Klassisch erfolgt diese Bewertung durch Bestimmung der Hauptgefahr. Die Gefahrenmatrix beschreibt alle wesentlichen Gefahren der Einsatzstelle und die mögliche Wirkung auf Menschen, Tiere, Umwelt und Sachwerte sowie Mannschaft und Gerät. Zur systematischen Abarbeitung der Gefahren bietet sie sich als ein gutes und übersichtliches Hilfsmittel für die Ausbildung an.

In der praktischen Umsetzung erfolgt diese Beurteilung eher aus dem Erfahrungsschatz, als aus der strukturierten Überlegung. Der Faktor »Zeit« zwingt uns, möglichst schnell eine Entscheidung zu treffen. Im Abgleich mit den eigenen Erfahrungen wird in der Regel die Variante gewählt, die in ähnlichen Situationen erfolgreich umgesetzt werden konnte.

Daher werden die meisten Zimmerbrände mit dem Verteiler vor dem Hauseingang und dem Angriffstrupp mit dem ersten C-Rohr zur Menschenrettung und Brandbekämpfung begonnen. Problematisch wird dies beispielsweise, wenn sich auf der Gebäuderückseite mehrere Menschen an einem Fenster bemerkbar machen, die von Feuer und Rauch bedroht sind. Die Gefahr besteht hier, dass es einen anderen wesentlichen Einsatzschwerpunkt gibt, der nicht erkannt wurde.

4.2.3 Entschluss

Der Entschluss ist gekennzeichnet von der Abwägung aller Möglichkeiten und der Verteilung der Aufgaben auf die einzelnen Einheiten. Er endet mit dem Befehl an die Einheitsführer und sollte mindestens folgende Inhalte aufweisen:

- Einheit
- Auftrag

Eingeleitet werden kann dieser Befehl durch eine kurze Darstellung des Sachverhaltes und abschließende Hinweise zur besonderen Sachverhalten (z. B. nächste Lagebesprechung nach Umsetzung der Erstmaßnahmen). Die dargestellten Elemente sind mit einem hohen Detailgrad in der Feuerwehr-Dienstvorschrift 100 dargestellt und ausführlich beschrieben.

4.3 Arten der Schemata

In der Entwicklung der Einsatztaktik und im speziellen der Visualisierung der Abläufe haben sich zwei grundsätzliche Taktikschemata entwickelt bzw. weiterentwickelt. Beide Schemata haben ihre Berechtigung und tragen zum grundsätzlichen Verständnis bei. Auf eine detaillierte Beschreibung wird verzichtet, da dies bereits in anderen Veröffentlichungen erfolgt ist.

4.3.1 Regelkreis der Taktik

Der Regelkreis der Taktik beschreibt in drei wesentlichen Phasen den Führungsvorgang.

Die Darstellung ist bewusst sehr einfach gehalten, um die wesentlichen Phasen des Führungsvorgangs klar darzustellen. Das einfache Schema lässt sich gut merken, hinter den Begriffen »Erkundung, Planung und Befehl« verstecken sich aber eine Menge an Informationen, die nicht auf den ersten Blick erkennbar sind. Im Bereich Erkundung bzw. Kontrolle sind alle Informationen zur vollständigen Erfassung der Lage zu verstehen. Neben den klassischen Informationen zum Wetter oder zur baulichen bzw. räumlichen Situation, sind diese insbesondere alle Umstände der zu rettenden Personen.

Die Planung ist eine reine Kopfsache und bedeutet in der Praxis häufig ein Abgleich zwischen der vorgefundenen Situation und einer persönlich bekannten

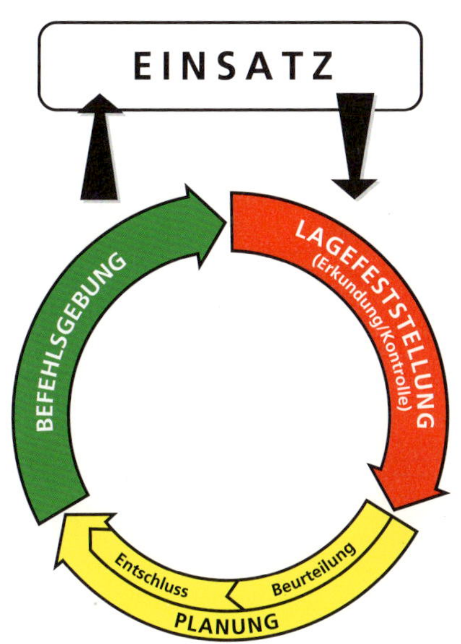

Bild 25: ***Führungsvorgang nach FwDV 100 (Grafik: W. Kohlhammer GmbH)***

Lösung. Der trainierte Ablauf in der Ausbildung ist in seiner Ausführlichkeit (wie bereits dargestellt) nicht umsetzbar. Der Befehl ist vom Grundsatz nur noch die Umsetzung der eigenen Planung in Form einer verbalen Kommunikation an die Einheiten. Die Schwierigkeit liegt darin, diesen so kurz wie möglich und trotzdem genau wiederzugeben.

4.3.2 Ablaufschema

Das Ablaufschema bietet den Vorteil der genaueren Differenzierung in Bezug auf die Gefahren und Möglichkeiten der Gefahrenabwehr und stellt dies als zentrales Element der Beurteilung dar. Der eigentliche Vorgang von Beurteilen, Abwägen und Entscheiden ist in diesem Ablauf deutlich klarer dargestellt. Der Führungsvorgang ist bei diesem Ablaufschema in kleinere Verfahrensschritte zerlegt und erlaubt eine systematischere Betrachtung der Denkprozesse.

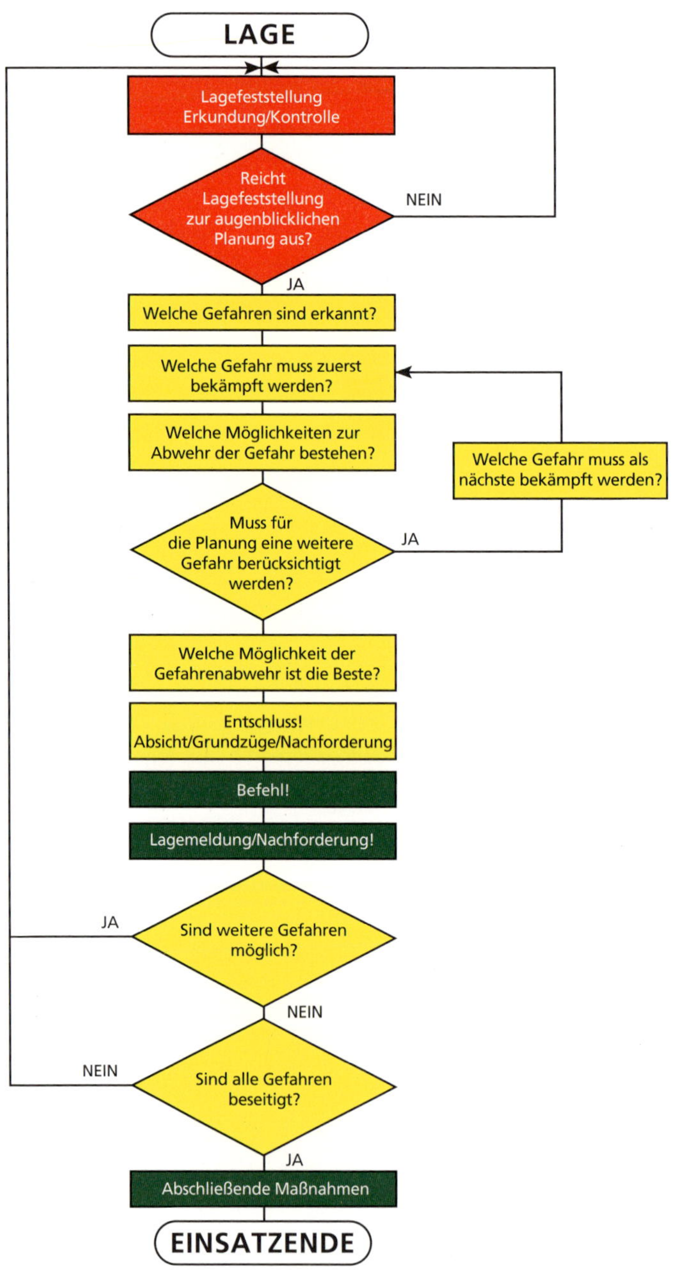

Bild 26: *Ablaufschema (Quelle: Schröder, 2016)*

4.3.3 Weiterentwicklungen

Der Regelkreis der Taktik und das Ablaufschema wurden beide für die Ausbildung weiterentwickelt und spezifiziert. Im Besonderen für die Planspielausbildung zum Einüben des Führungsvorgangs. In diesem Zusammenhang tauchen in diesen Beschreibungen folgenden Fragestellungen auf:

- Welche Möglichkeiten zur Gefahrenabwehr bestehen?
- Welche Gefahr muss zuerst an welcher Stelle bekämpft werden?
- Welche Möglichkeit zur Gefahrenabwehr ist die beste?
- Vor welchen Gefahren müssen sich die Einsatzkräfte hierbei schützen?
- Welche Vor- und Nachteile haben die verschiedenen Möglichkeiten?

Zur besseren Erläuterung der möglichen Maßnahmen können diese dann in verschiedene taktische Varianten eingeteilt werden:

- Angriff – z. B. Durchführung einer Brandbekämpfung
- Verteidigen – z. B. Aufbau einer Riegelstellung
- Rückzug – z. B. Aufgabe eines Abschnittes bei der Brandbekämpfung
- in Sicherheit bringen (Retten) – z. B. Personenrettung über Hubrettungsfahrzeug

Die Begriffe Angriff, Verteidigen, Rückzug und in Sicherheit bringen stellen eine theoretische Betrachtung dar. Diese dienen dazu, ein Grundverständnis über die unterschiedlichen Maßnahmen zu erhalten. In der praktischen Umsetzung einer Möglichkeit werden diese Begriffe nicht verwendet.

4.3.4 Praktische Anwendung

Zum Einüben des Führungsvorganges sind diese Ablaufschemata gut geeignet, um den grundlegenden Handlungsablauf zu verstehen und einzuüben. Aber in der praktischen Anwendung versagen diese Modelle, da im Einsatz keine Zeit bleibt, sich sämtliche Fragen zu stellen, die Antworten zu sammeln und entsprechend abzuwägen, um letztlich eine Entscheidung zu treffen.

In der Praxis bleibt nur ein Abwägen aller bekannten Möglichkeiten zur Abwehr der Gefahr. Dieses Vorgehen birgt aber die Gefahr, immer die gleiche Lösung bei unterschiedlichen Einsätzen anzuwenden. Die zentrale Frage im Rahmen der Lösungsfindung ist daher:

Welche Möglichkeiten habe ich und welche davon ist die effektivste?

Beispiel: Zimmerbrand mit Personenrettung

In einem dreigeschossigen Wohnhaus ist im ersten OG ein Zimmerbrand ausgebrochen. Das erste OG befindet sich auf Grund des Hochparterres ein halbes Geschoss höher als normal. Eine Person steht im ersten OG am Fenster und ruft um Hilfe. Die Person ist nicht unmittelbar durch Rauch bedroht, kann aber das Zimmer wegen des verrauchten Flures nicht verlassen. Die Zugänglichkeit zu diesem Zimmer ist über die Wohnung (Treppenraum) und außen möglich.

Bild 27: ***Zimmerbrand mit gefährdeter Person (Grafik: W. Kohlhammer GmbH)***

Auf die Fragestellung welche Maßnahmen zur Personenrettung bzw. Personensicherung möglich sind, gibt es theoretisch verschiedene Lösungen:

- Rettung mit der Steckleiter
- Rettung mit der Schiebleiter
- Verbleiben der Person am Fenster unter Betreuung
- Verbleiben der Person am Fenster unter Absicherung mit einem Sprungpolster
- Rettung über Hakenleiter
- Abstellen eines Löschfahrzeuges unter das Fenster und Rettung auf das Dach

- Rettung mit dem Hubrettungsfahrzeug
- Rettung über Innenangriff mit Fluchthaube
- Weitere Möglichkeiten je nach örtlichen Gegebenheiten oder Geräten der Feuerwehr

Sicherlich erscheinen einige Lösungen als schwierig, aufwendig oder unpassend. Ziel dieser Überlegung ist es aber, die Summe aller Möglichkeiten abzuwägen und dann eine passende Lösung für den Einzelfall zu finden. Bei diesem Beispiel wird deutlich, wie wichtig es ist, den einsatztaktischen Wert seines Zuges zu kennen.

Die Fragestellung nach den Möglichkeiten und ihrer Effektivität ist aber auch bei der Technischen Hilfeleistung wichtig und soll mit Hilfe des folgenden Beispiels beschrieben werden.

Beispiel:

In einem Silo ist ein Arbeiter ca. drei Meter abgestürzt. Welche Geräte kommen grundsätzlich zur Anwendung, um zum Verletzten zu gelangen?

Bild 28: ***Einsatz in einem Silo***

Die verschiedenen Lösungsansätze sehen in diesem Beispiel wie folgt aus:

- Steckleiter
- Hackenleiter
- Strickleiter
- Multifunktionsleiter (Einhängehacken)
- Abseilen mit Sicherung über Hubrettungsfahrzeug, Abseilen über Leiterbock als Sicherungspunkt

Auch hier wird klar: Das Wissen über die Möglichkeiten der verschiedenen Geräte eröffnet dem Zugführer die Entscheidung welches Fahrzeug, welche Aufgabe übernehmen kann.

Der Zugführer muss nicht in der Lage sein, die einzelnen Geräte einzusetzen und muss nicht die genaue Funktionalität kennen. Für die richtige Entscheidung ist in diesem Fall wichtig:

- Welches Gerät steht mir im konkreten Einsatzfall zur Verfügung?
- Wie viele Personen sind für den Einsatz notwendig?
- Auf welchem Fahrzeug befindet sich das geeignete Gerät?
- Ist das Gerät auch für den Anwendungsfall geeignet (z. B. kann die Drehleiter über der Schachtöffnung mit dem Festpunkt in Stellung gebracht werden)

Aus der Beantwortung dieser Fragen, können dann verschiedene Lösungen zusammengestellt werden. Die schnellste und einfachste Lösung ist anschließend auszuwählen (Entscheidung), zu strukturieren (Wer macht was) und mitzuteilen (Befehl).

5 Führungsgrundsätze

5.1 Klassische Führungsgrundsätze

Grundlage für das Handeln als Führungskraft in der Feuerwehr bildet die Feuerwehr-Dienstvorschrift 100. In dieser sind alle wesentlichen Regelungen enthalten. Im Detail wird ein Führungssystem beschrieben, das die Führungsorganisation, den Führungsvorgang und die Führungsmittel erläutert und festlegt. Hierdurch soll ein einheitliches Handeln aller Einheiten, die an einem Einsatz beteiligt sind, gewährleistet werden. Zwangsläufig ergibt sich in der FwDV 100 nur eine allgemeine Beschreibung der Begriffe, Handlungen und Abläufe. Konkrete Vorschläge zur Umsetzung im Einzelfall fehlen. Es handelt sich daher um eine Art strukturelle Handlungsanweisung.

Für die praktische bzw. individuelle Umsetzung dieser Vorgaben kann eine FwDV nicht verwendet werden. Dienstvorschriften bilden den Rahmen bzw. die Leitplanken in denen man sich bewegen kann und regeln grundsätzliche Strukturen. Im Entscheidungsprozess spielt die Überlegung eine wichtige Rolle, welche Möglichkeiten für die Abarbeitung des Einsatzschwerpunktes in Frage kommen. Auf Grund der starken visuellen Prägung als Mensch ist es naheliegend, die Sachverhalte und Problemstellungen visuell abzubilden bzw. darzustellen. Die Übertragung von komplexen Sachverhalten auf einfache bildliche Überlegungen hilft häufig, diese schnell und effektiv zu lösen. Frei nach dem Motto »ein Bild sagt mehr als tausend Worte«. Diese einfache Methode der Visualisierung von komplexen Sachverhalten oder von Fragestellungen hilft in der Regel dem Zugführer in der stressigen Entscheidungsphase, eine passende Lösung für das Problem zu finden. Die Erfahrung hat gezeigt, dass die visuelle Vermittlung von diesen Sachverhalten am schnellsten zu einer guten Lösung führt.

Auch hilft es in dieser Situation das unmittelbare Einsatzgeschehen örtlich zu verlassen und sozusagen »einen Schritt nach hinten« zu gehen. Dieses bewusste »Rausnehmen« aus der Situation an einen Ort, an dem das gesamte Schadenszenario betrachtet werden kann, hilft den Überblick zu bewahren.

Ein kurzer Ausflug in die Begriffe des Militärs erläutert sehr einfach dieses Instrument des Zugführers: den sogenannten »Feldherrnhügel«. Bei diesem handelt es sich um eine »erhöhte Stelle im Gelände von der aus die Heerführung die Schlacht beobachten und lenken kann« (Duden, 2019). Im Feuerwehreinsatz kann der Zugführer mit etwas physischem Abstand zur Einsatzstelle die Umsetzung seiner Befehle besser und vor allem übersichtlicher nachverfolgen und ggf. anpassen. In diesem Zusammenhang wird schnell klar, dass der Einsatzerfolg im Wesentlichen nicht von der Struktur, den Ressourcen oder dem verwendeten Material abhängt, sondern von dem Menschen, der diese Möglichkeiten richtig und effektiv einsetzt.

5.1.1 Checklisten

Hilfreich für ein effektives Führungsverhalten können standardisierte Verhaltensmuster für den Zugführer sein. In anderen Arbeitsbereichen sind diese Verhaltensmuster in Checklisten abgebildet. Exemplarisch ist hier die Luftfahrt zu nennen. Im Luftverkehr gibt es für fast jede Situation (Zwischenfälle oder auch Routineaufgaben) verschiedene Checklisten bzw. Handlungsanweisungen. Diese Checklisten bauen aber in der Regel auf technischen Sachverhalten auf und würden sich im übertragenen Sinn für derartige Störungen im Führungssegment bei der Feuerwehr nicht eignen. Sehr wohl geeignet können diese aber im technischen Bereich sein, beispielhaft sei hier eine Pumpenstörung der Feuerlöschkreiselpumpe genannt. Checklisten können für seltenere Einsatzlagen eine gewisse Handlungssicherheit erreichen. In der Regel sind dies aber Auflistungen von Maßnahmen, welche für diese Einsatzlagen nötig sein könnten. Beispielhaft ist hier die Löschwasserförderung über eine lange Wegstrecke zu nennen. Für dieses Verfahren haben sich Checkliste oder Taschenkarten gut bewährt. Für den notwendigen ersten schnellen Zugriff im Einsatz ist aber dieses Hilfsmittel unbrauchbar. Einzig die Möglichkeit auf der Anfahrt zur Einsatzstelle, diese Checkliste nochmal durchzulesen, scheint umsetzbar. Gewisse Besonderheiten rücken dann ins Bewusstsein und werden bei der Bewertung nicht vergessen. Problematisch wird dieses Verfahren, wenn der tatsächliche Einsatz dann vom Meldebild abweicht.

5.1.2 Standardeinsatzregeln

Standardeinsatzregeln sind ein bekanntes Instrument, um ein einheitliches Vorgehen der taktischen Einheiten zu gewährleisten. Die Festlegungen in den Feuerwehr-Dienstvorschriften können im weitesten Sinne als solche verstanden werden. Darüber hinaus hat jede Feuerwehr die Möglichkeit, für den eigenen Wirkungskreis gewisse Standards festzulegen. Dies hängt im Wesentlichen von örtlichen Gegebenheiten ab. Bei reduzierter Ausrückstärke unter Tags sind Festlegungen zur Verwendung des Schnellangriffverteilers oder die Festlegung für den Angriffstrupp, die eigene Schlauchleitung zu legen, durchaus weit verbreitet.

In der jüngsten Vergangenheit werden auch Konzepte zu Sonderlagen entwickelt. So gibt es eine große Anzahl von Einsatzkonzepten für verschiedenste Schadenlagen. Beispielhaft sind folgende zu nennen:

- Hochhausbrandbekämpfung
- Tunnelbrandbekämpfung
- ABC-Konzept
- Terror- und Amoklagen

Selbstverständlich sind diese Konzepte hilfreich und notwendig, da diese Einsatzlagen abbilden, die selten stattfinden und teilweise verändertes Vorgehen notwendig machen. So kann bei Terrorlagen eine Löschmaßnahme erst erfolgen, wenn die Polizei den Bereich für sicher erklärt hat. Diese Konzepte dienen dazu die Einsatzkräfte auf die speziellen Schadenlagen im Vorfeld vorzubereiten.

Je nach Ausführung sehen diese exakte Handlungsanweisungen für die Einheiten vor oder regeln grundsätzliche Verhaltensmuster. Problematisch sind diese Konzepte aber, wenn sie nur auf dem Papier vorhanden sind. Ein Anwenden oder zumindest Üben ist zwingend erforderlich, um die Inhalte zu verstehen und umsetzen zu können.

5.1.3 Merkwörter

Auch die Verwendung von einfachen Merkwörtern für spezielle Einsätze hat sich im Bereich der Führungsarbeit etabliert. Sinn dieser einfachen Merkregeln ist, bei seltenen Einsätzen die wichtigsten Maßnahmen kurz darzustellen.

Im Bereich der technischen Rettung bei Verkehrsunfällen, hat sich die folgende Merkregel für den Umgang mit Airbags etabliert.

AIRBAG (bei der technischen Rettung)

- **A**bstand halten von Airbags
- **I**nnenraum erkunden
- **R**ettungskräfte vor nicht ausgelösten Airbags warnen
- **B**atteriemanagement durchführen
- **A**bnehmen der Innenraumverkleidung
- **G**efahren an den Sicherheitseinrichtungen beachten

Bei ABC-Einsätzen bietet die folgende Regel einen sehr einfachen und groben Anhaltspunkt für erste Maßnahmen, die von jeder Feuerwehr angewendet werden kann.

GAMS (bei ABC-Einsätzen)

- **G**efahr erkennen
- **A**bsperrung errichten
- **M**enschenrettung durchführen
- **S**pezialkräfte nachfordern

Speziell für den Einsatz von Hubrettungsfahrzeuge hat sich das nachfolgende Merkwort etabliert. Grundsätzlich ist diese Regel für den Maschinisten gedacht und weniger für die Führungskräfte.

HAUS (beim Hubrettungseinsatz)

- **H**indernisse
- **A**bstände
- **U**ntergrund
- **S**icherheit

Speziell für den Zugführer gibt es ein Merkwort, welches die wesentlichen Bestandteile einer qualifizierten Rückmeldung von der Einsatzstelle an die Leitstelle beinhaltet.

MELDEN (für Rückmeldungen)

- **M**eldender
- **E**insatzstelle
- **L**agebeschreibung
- **D**urchgeführte Maßnahmen
- **E**ingesetzte Einheiten
- **N**achforderung

Gerade als neue Führungskraft machen diese Merkwörter durchaus Sinn, um die wichtigsten Maßnahmen nicht zu vergessen. Häufig ist aber festzustellen, dass die Wörter zwar erlernt wurden, die Bedeutung der einzelnen Begriffe und deren notwendigen Maßnahmen jedoch nur teilweise bekannt sind. Ein zwanghaftes Festhalten an diesen Merkwörtern und angestrengtes Nachdenken über die Bedeutung kann einen Einsatz erheblich verzögern.

Diese ergänzenden Möglichkeiten, die Aufgabe als Zugführer zu bewältigen, sind somit sehr individuell geprägt, da jeder Mensch unterschiedlich lernt und das Erlernte umsetzt. Die Verwendung der Merkwörter kann daher für einige sehr hilfreich sein und und sie in der Arbeit unterstützen, für andere führt dies nur zu einer Blockade in der Ausführung.

In diesem Zusammenhang scheitert beispielhaft ein Hochhauskonzept, wenn es dort im ersten Obergeschoss des Gebäudes brennt und das Depot-Geschoss zwei Geschosse darunter errichtet wird. Die Merkregel GAMS beim Gefahrguteinsatz ist ebenfalls falsch verstanden, wenn bei einem Unfall mit Mineralöl keine Menschenrettung notwendig ist und für das Abdichten eines undichten Tanks gewartet wird, bis Spezialkräfte vor Ort sind.

5.1.4 Verhaltensmuster

Wichtigster Bestandteil einer erfolgreichen Führungsarbeit ist die Einhaltung von Standards in der Ausführung der Funktion. Diese bringen Sicherheit und Routine in den Einsatz.

Standardisierte Verhaltensmuster für den Zugführer können sein:

- Komplexe Sachverhalte beim Befehl durch Bilder bzw. eine Skizze verdeutlichen
- Örtliches Rauslösen aus dem Geschehen, um einen Überblick zu bekommen
- Standardnachfragen bei gefährdeten Personen im Rahmen der Erkundung
- Regelmäßige Durchführung von Lagebesprechungen mit allen Beteiligten

Die standardisierten Verhaltensmuster sind erfahrungsgemäß am besten geeignet, um eine gewisse Kontinuität in den Einsatz zu bringen, und können als praktische Führungsstipps bezeichnet werden.

5.2 Taktische Grundsätze

5.2.1 Standards

Für die erfolgreiche Abarbeitung der Einsatzlage haben sich gewisse taktische Standards bewährt. Diese können bei den Einsätzen fast immer angewendet werden. Es handelt sich dabei um grundlegende Maßnahmen im Einsatz. Diese sind abhängig von den örtlichen Strukturen und Möglichkeiten der Feuerwehr. Nicht zu verwechseln sind diese taktischen Standards mit den bekannten Einsatzgrundsätzen (z. B. Gasflaschen aus der Deckung kühlen oder Atemschutzreservetrupp bereitstellen). Bei folgenden Aufgaben können entsprechende taktischen Standards verwendet werden:

- **Personenrettung**
  Personen am Fenster werden vorrangig von außen über Leitern gerettet. Erst wenn die Rettung wegen fehlender Anleiterbarkeit oder Mobiltitätseinschränkung nicht möglich ist, erfolgt dies über den Innenangriff. Gefährdete Personen, die sich nicht selbst retten können, sind zu betreuen.
- **Einsatz mit Bereitstellung**
  Bei klarer Zugänglichkeit und gesichertem Brand ist beim ersten Fahrzeug ein Einsatz mit Bereitstellung geboten.
- **Absuchen**
  Ein verrauchter Treppenraum und eventuell verrauchte Wohnungen werden immer abgesucht.
- **Niemals am Feuer vorbei**
  Keine Einheit für einen Auftrag am Feuer vorbeischicken, ohne dass dort die Brandbekämpfung eingeleitet worden ist.
- **Fahrzeugaufstellung**
  Bei geschlossener Bebauung mit einem Zimmerbrand kann eine Standardaufstellung erfolgen: Das erste Löschfahrzeug fährt am Gebäude vorbei, das Hubrettungsfahrzeug bleibt vor dem Gebäude stehen, das zweite Löschfahrzeug verbleibt in ausreichendem Abstand hinter dem Hubrettungsfahrzeug. **Wichtig**: Vor dem Gebäude ist immer ausreichend Platz für das Hubrettungsfahrzeug vorzusehen.
- **Zangenangriff**
  Bei Zimmerbränden keinen Zangenangriff durchführen, damit sich die verschiedenen Trupps nicht gegenseitig gefährden.

- **Einsatzleitung**
  Der Standort der Einsatzleitung ist immer gemeinsam mit Polizei, Rettungsdienst und Feuerwehr festzulegen und zu betreiben.
- **Brandbekämpfung**
  Das erste Rohr wird immer am Brandherd eingesetzt. Ein Innenangriff ist anzustreben. Der Einsatz von Werfern sollte erst erfolgen, wenn das Gebäude nicht mehr zu retten ist.
- **Verkehrsunfall**
  Verkehrsabsicherung und Sicherstellung des Brandschutzes sind immer durchzuführen.

5.2.2 Besonderheiten bei der technischen Rettung

Unter dem Aspekt der medizinischen und technischen Rettung sind folgende Besonderheiten zu beachten:

Die Feuerwehr kommt in diesen Fällen als Rettungseinheit zum Einsatz, wobei sie

- die Befreiung des Verunglückten aus einer lebensbedrohlichen Zwangslage durchführt sowie
- nach einer Erstversorgung die Voraussetzungen für lebensrettende ärztliche Maßnahmen einleitet.

Während für die Befreiung des Verunglückten umfangreiches Gerät der Hilfeleistungs-Löschgruppenfahrzeuge, des Rüstwagens und eventuell ein Sonderfahrzeug zur Verfügung stehen, ist für Erstversorgung der Einsatz eines Notarztes bzw. Rettungsdienstes erforderlich, der unter Umständen erst nach mehr oder weniger umfangreichen Vorbereitungsmaßnahmen zum Verunfallten gelangen kann.

Die Kommunikation zwischen dem medizinischen und technischen Personal ist von entscheidender Bedeutung für den Einsatzerfolg. Folgende Begrifflichkeiten sollten auf beiden Seiten bekannt sein:

Sofortrettung

Sofortrettung ist die schnellstmögliche Rettung unter Tolerierung einer möglichen weiteren Schädigung des Patienten aus unmittelbarer Gefahr oder auf Grund medizinischer Rahmenbedingungen.

Als klassisches Beispiel für diese Rettungsart ist das Einsatzstichwort »Person in Schacht« zu nennen. Ist die Person im Schacht bewusstlos und ergab eine Messung eine zu niedrige Sauerstoffkonzentration im Schacht, ist die Person sofort zu retten. In der Ausführung kann dies mit einer Feuerwehrleine (gelegter Ankerstich) um die Füße und einem sofortigen Herausziehen (kopfüber) der Person umgesetzt werden. In diesem Fall wird eine weitere Verletzung zum Beispiel durch die Rettung in Kauf genommen, damit für die Person noch eine Chance für das Überleben besteht.

Schnelle Rettung[1]

Schnelle Rettung ist die schnellstmögliche Rettung des Patienten unter Beachtung zeitlicher, einsatztaktischer und medizinischer Aspekte. Um die Zeit bis zum Kliniktransport zu minimieren, ist bei der schnellen Rettung ein Zeitfenster von 20 bis 30 Minuten anzustreben.

Unter dieser Rettungsart wird klassisch die Befreiung einer eingeklemmten Person aus einem Pkw verstanden. Elementar ist hierbei, sich aber nur auf die unbedingt notwendigen Maßnahmen für die Befreiung zu konzentrieren. So müssen nicht immer alle Scheiben für die Rettung entfernt werden. Häufig kann auch anstelle der kompletten Entfernung des Daches eine Rettung über die große Seitenöffnung erfolgen.

Schonende Rettung

Schonende Rettung ist eine Rettung, bei der der zeitliche Aspekt, auf Grund des diagnostizierten Verletzungsmusters, in den Hintergrund rückt (hier kann in Einzelfällen das Zeitfenster nach ärztlicher Rücksprache auch größer als das der »Schnellen Rettung« sein). Typisch für diese Rettungsart ist der Baustellenunfall zu nennen. Nachdem die Person vom Rettungsdienst erstversorgt und stabilisiert wurde, kann die Rettung beispielhaft mit Rettungskorb über einen Kran erfolgen.

Bei eingeklemmten Patienten ist jedoch in aller Regel von einer schweren Verletzung auszugehen, in diesen Fällen ist eine schnelle Rettung anzustreben. Das Zeitfenster bei der schnellen Rettung von 20 bis 30 Minuten ist für eine effektive Rettung anzustreben. Dem medizinischen Personal sind aber realistische Zeitansätze für die Rettung des Verunglückten mitzuteilen, damit die medizinischen Maßnahmen darauf abgestimmt werden können (z. B. Schmerzmittelgabe etc.)

Die Besonderheiten ergeben sich aus der Tatsache, dass gerade bei der Technischen Hilfeleistung der Rettungsdienst im Zusammenspiel mit den Einheiten der

1 Gemäß dem vfdb Merkblatt »Technische – medizinische Rettung nach Verkehrsunfällen« vom 15.03.2020 muss begrifflich zwischen »Sofortrettung« und »schnelle (zeitkontrollierte) Rettung« unterschieden werden. In der Praxis gibt es aus Sicht des Autoren aber durchaus einen Unterschied zwischen schneller und schonender Rettung, sodass dieser hier auch begrifflich abgebildet wird.

Feuerwehr als wesentliche Komponente betrachtet werden muss. Gerade wenn diese Einheiten auf Grund einer eigenen Rechtsgrundlage (z. B. in Bayern oder Baden-Württemberg) tätig werden und nicht der Feuerwehreinsatzleitung unterstehen.

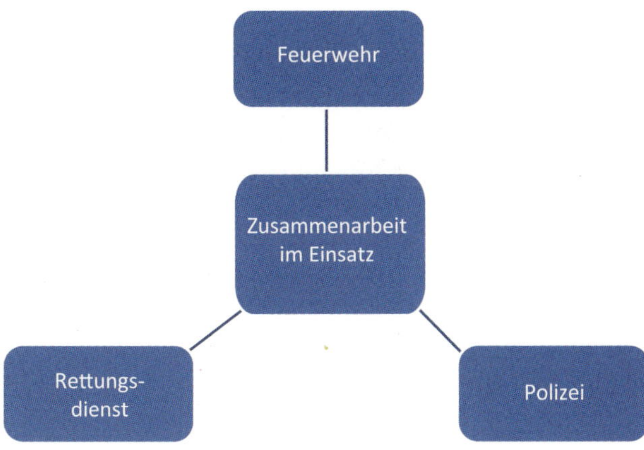

Bild 29: ***Zusammenwirken der drei Fachdienste***

5.3 Führungsstile

5.3.1 Überblick

Im weiteren Sinne hat auch die Verwendung des Führungsstils einen entscheidenden Einfluss auf den Einsatzerfolg. Insgesamt gibt es verschieden Führungsstile, die zur Anwendung kommen können. Die Beschreibung aller möglichen Führungsstile (z. B. Laissez-fairer, situativer, bürokratischer etc.) ist für die Darstellung einer sinnvollen Einsatztaktik des Zuges nicht erforderlich. Im speziellen sind daher nur zwei Führungsstile und deren Auswirkungen auf den Einsatzerfolg von Bedeutung.

5.3.2 Autoritärer Führungsstil

Der autoritäre Führungsstil, auch als hierarchischer Führungsstil bezeichnet, ist ein Führungsstil, der mit Hilfe von genauen Vorgaben und Verfahren den Einsatz steuert. Dieser Führungsstil trägt aber auch ein hohes Risiko an Fehlentscheidungen, da alles nur von einer Person ausgeht.

Auf Grund der klaren Festlegungen in den entsprechenden Dienstvorschriften der Feuerwehr, der hierarchischen Struktur und der Notwendigkeit von schnellen Entscheidungen wird in der Regel dieser Führungsstil bei Brandeinsätzen zur Anwendung kommen.

Da auf klare Regelungen und Vorgaben zurückgegriffen werden kann, ist dieser Führungsstil im Brandeinsatz taktisch gesehen am besten geeignet. Die durchzuführenden Aufgaben sind klar umrissen und können systematisch abgearbeitet werden.

Problematisch wirken sich Fehlentscheidungen aus, da die gesamte Entscheidungsgewalt von einer Person ausgeht. Wird beispielhaft die Rückseite eines Gebäudes nicht erkundet und dort wäre eine Menschenrettung notwendig, können die Folgen erhebliche sein. Eine mögliche Lösung ist die Einteilung der Einheiten in räumliche Abschnitte mit der Methode der Auftragstaktik.

5.3.3 Kooperativer Führungsstil

Der kooperative Führungsstil zeichnet sich im Wesentlichen dadurch aus, dass Zugführer und Einheitsführer sowohl in der Entwicklung von Ideen als auch in der Umsetzung eng zusammenarbeiten und sich in ihren Kompetenzen gegenseitig ergänzen. Genau genommen kommt dieser Führungsstil aber nur teilweise bei der Technischen Hilfeleistung zur Anwendung. Die Erarbeitung von Alternativlösungen für die Personenrettung kann kooperativ erfolgen, die Umsetzung mit entsprechenden Aufträgen erfolgt dann aber wieder autoritär geprägt.

In Bezug auf die Taktik besteht bei diesem Führungsstil das Problem, dass lange Diskussionen über Lösungen in der Folge eine Verzögerung der Maßnahmen mit sich bringen können. Verzögerungen gilt es aber gerade bei der Menschenrettung zu vermeiden. Für den Zugführer ist es wichtig, nach Abstimmung der möglichen Lösungen eine Entscheidung zu treffen, um die Maßnahmen ins Laufen zu bringen.

5.3.4 Auftragstaktik und Befehl

Die Auftragstaktik beschreibt nicht unmittelbar einen Führungsstil, sondern die Umsetzung der beiden Führungsstile als Mittelweg für die Ausführung der Maßnahmen. Im weiteren Sinne handelt es sich nicht um eine taktische Variante des Befehls, sondern um eine Methode der Führung. Diese Art der Verteilung der Maßnahmen lässt dem Ausführenden einen gewissen Handlungsspielraum in der Durchführung seiner Aufgaben.

Im Gegensatz zur Auftragstaktik ist die Befehlstaktik zu sehen. Hier sind die Spielräume der Umsetzung deutlich enger gesteckt. Klar wird dies am Beispiel des Befehls vom Gruppenführer an den Trupp oder vom Zugführer an den Gruppenführer:

Befehl Gruppenführer an den Trupp

- Einheit
- Auftrag
- Mittel
- Ziel
- Weg

Befehl Zugführer an den Gruppenführer

- Einheit
- Auftrag

Deutlich wird hier der Unterschied in Bezug auf die Einsatzmittel. Die Einsatzmittel stellen auch die kritische Komponente in Bezug auf den Befehl vom Zugführer an den Gruppenführer dar. In der Regel sind die Mittel zur Rettung bei Brandeinsätzen nicht zu nennen. Im Bereich der Technischen Hilfeleistung kann es von Vorteil sein im speziellen die Geräte bzw. die Gerätegruppe zu nennen (mit hydraulischem Rettungssatz oder Sicherung des Pkw mit der Winde vom Rüstwagen), wenn hier ein spezielles Ziel vom Zugführer verfolgt wird. Beispielhaft wäre der Einsatz der Multifunktionsleiter bei der Schacht- bzw. Silorettung zu nennen. Diese spezielle Nennung von Geräten bzw. dem Mittel stellt somit für den Befehl vom Zugführer an die Gruppenführer eine Ausnahme dar. Anstelle eines speziellen Einsatzmittels kann auch noch ein Sicherheitshinweis (z. B. Achtung Gasflaschen) für die Gruppe erfolgen.

In der Regel ist das Ziel im Zugführerbefehl eine räumliche Zuteilung der Gruppe. Besonders bei der häufigen Einsatzform »getrennt« ist dies unerlässlich, damit die Einheiten ihren Einsatzabschnitt kennen und dort tätig werden. Beispielhaft arbeitet die erste Gruppe auf der Straßenseite und die zweite Gruppe im Hinterhof eines Gebäudes.

Die Komponente Weg ist im Zugführerbefehl in der Regel zu vernachlässigen. Ausnahmen können hier nur entstehen, wenn die Zugänglichkeit nicht klar ersichtlich ist oder es beim Auftrag, die Löschwasserversorgung zu erstellen, mehrere Wege zur Entnahmestelle gibt. In der Praxis hat sich hier die Verdeutlichung der räumlichen Situation bzw. des Weges mit einem Plan oder Bild als beste Möglichkeit herausgestellt.

Bild 30: ***Lageplanschild Feuerwehrzufahrt (Quelle: Berufsfeuerwehr München)***

Beispiel für eine Befehlt mit wenig Spielraum:

Erstes HLF zur Menschenrettung mit Steckleiter durch den Wasser- und Schlauchtrupp auf die Rückseite des Gebäudes.

Im Sinne der Auftragstaktik:
»Erstes HLF zur Rettung von zwei Personen auf der Rückseite des Gebäudes.«

Bei der näheren Betrachtung des Befehles fällt auf, dass dieser sich inhaltlich in die drei klassischen Einsatzarten nach Brand, Technische Hilfeleistung und ABC-Einätze unterscheiden lässt. Die beiden Elemente »Einheit« und »Auftrag« sind bei allen drei Einsatzarten immer vorhanden. Ergänzt werden muss der Befehl bei Brandeinsätzen und der Technischen Hilfeleistung durch die räumliche Zuteilung.

Bei der technischen Rettung kann es sinnvoll sein, ein bestimmtes Einsatzmittel vorzugeben. Im ABC-Einsatz ist dagegen die Festlegung der Absperrgrenze und des Dekon-Platzes sinnvoll. Grundsätzlich ist aber jeder Befehl mit einer kurzen Lageeinweisung zu beginnen. Der Vorteil dieser Einweisung liegt in dem gleichen Wissenstand alle Einheitsführer. Ebenfalls erleichtert diese kurze Lageeinweisung die inhaltlichen Zusammenhänge in den Einzelbefehlen.

Beispiel:

Zimmerbrand mit einer vermissten Person im ersten Obergeschoss, eine Person am Fenster auf der Rückseite, eine bedrohte Person im zweiten Obergeschoss auf der Vorderseite:

- »Erstes HLF zur Brandbekämpfung und Menschenrettung in die Wohnung«
  - »Hubrettungsfahrzeug zur Menschenrettung auf der Vorderseite«
  - »Zweites HLF zur Menschenrettung auf die Rückseite«

Durch die Lageeinweisung können die Befehle für die einzelnen Einheiten relativ kurz ausfallen. Alle Einheitsführer haben ebenfalls ein Gesamtbild der Lage. Folglich haben sich in der Praxis folgende wesentliche Inhalte eines Befehls vom Zugführer an die Einheitsführer bewährt:

- Kurze Lagedarstellung
- Einheit
- Auftrag
- Einsatzmittel (nur zur Verfolgung eines bestimmten Zieles)
- Einsatzabschnitt (räumliche Aufteilung)

5.4 Standardvorgehen

Neben der Möglichkeit, durch die Schaffung von Standardeinsatzregeln die Aufgabenverteilung klar zu definieren, ergibt sich im Einsatz eines kompletten Zuges folgende empfohlene Verfahrensweise. Diese idealisierte Vorgehensweise beschreibt den Einsatz eines kompletten Zuges in der Erstphase eines Einsatzes.

Erste Erkundung

Der Zugführer führt die Ersterkundung mit Unterstützung mindestens eines weiteren Gruppenführers (bzw. Führungsgehilfen) und/oder eines Trupps durch. Ob ein Trupp mit zur Erkundung genommen wird, hängt in der Regel von der Einsatzart ab. Bei Brandeinsätzen ist dies in der Regel nicht erforderlich. Bei Technischen Hilfeleistungen kann durch diesen Trupp bereits eine Erstversorgung oder Sicherung eines Verletzten erfolgen.

Ziel der ersten Erkundung sind folgende Punkte:

- Erlangen eines Überblicks über die Schadenstelle (Räumlich und Umfang)
- Art des Einsatzes (Brand, THL oder ABC)
- möglicher Einsatzschwerpunkt
- Abwägung möglicher Erstmaßnahmen

Einleiten der Erstmaßnahmen

Nach Abschluss der ersten Erkundung wird der erste Führungsablauf durchlaufen und die ersten Maßnahmen eingeleitet.

Im Einsatzfall kann es bereits im Rahmen der Erkundung zu den ersten Maßnahmen kommen z. B. Erstversorgung oder Sicherung des Verunfallten.

Bei Zugeinsätzen empfiehlt es sich, nicht den gesamten Zug in vollem Umfang in dieser Phase einzusetzen. Es sollten die notwendigsten Maßnahmen (z. B. Menschenrettung mit dem Hubrettungsfahrzeug oder tragbaren Leiter, Vornahme eines Sprungpolsters zur Absicherung, Einsatz mit Bereitstellung für das erste Löschfahrzeug etc.) erfolgen. In der Regel bedeutet dies einen Befehl für das erste Löschfahrzeug und z. B. das Hubrettungsfahrzeug. Das zweite Löschfahrzeug sollte für diese Erstmaßnahmen noch zurückgehalten werden.

Selbstverständlich ergeben sich auch Einsätze mit z. B. notwendiger Personenrettung an mehreren Fenstern bei denen im ersten Zugriff alle Kräfte unmittelbar einzusetzen sind.

Endgültige Fahrzeugaufstellung

Während die Erstmaßnahmen eingeleitet werden, erfolgt die endgültige Fahrzeugaufstellung. In der Regel reicht es aus, ein Löschfahrzeug unmittelbar an der Einsatzstelle vorbei und das Hubrettungsfahrzeug vor dem Gebäude zu platzieren. Das zweite Löschfahrzeug steht weiter hinter dem Gebäude.

Besonderes Augenmerk ist vom Einsatzleiter auf weitere Fahrzeuge zu legen (z. B. Polizeifahrzeug, Rettungswagen etc.). Die Zu- und Abfahrt für den Rettungsdienst ist zu gewährleisten, Polizeifahrzeuge können durchaus weiter entfernt von der Einsatzstelle stehen. Dies erfordert im Einzelfall ggf. ein Versetzten von Fahrzeugen, da die Polizei im Regelfall als erstes an der Einsatzstelle ist und erfahrungsgemäß bis an die Schadenstelle vorfährt. Dieser Platzgewinn durch Versetzten von nicht benötigten Fahrzeugen bedeutet zwar einen gewissen Zeitverlust, schafft aber gerade bei langen Einsätzen einen wertvollen Spielraum für weitere Maßnahmen.

Vollständige Erkundung mit weiteren Aufträgen und Gliederung der Einsatzstelle

In der Folge der Erstmaßnahmen und der endgültigen Fahrzeugaufstellung erfolgt eine erste Kontrolle der Effektivität dieser Erstmaßnahmen sowie eine vollständige Erkundung. Es können noch entsprechende weitergehende Maßnahmen oder Korrekturen vorgenommen werden. Ein weiterer Punkt ist die Gliederung der Einsatzstelle in Abschnitte mit Zuweisung einer entsprechenden Struktur und klarer Aufgaben (Auftragstaktik). Folgende Gliederung hat sich bei einem Standartzimmerbrand mit Menschenrettung bewährt:

- Einsatzabschnitt 1 – Brandbekämpfung im Innenangriff
- Einsatzabschnitt 2 – Menschenrettung von Personen an Fenstern mit tragbaren Leitern
- Einsatzabschnitt 3 – Menschenrettung von Personen an Fenstern über Hubrettungsfahrzeug

Jeder dieser Abschnitte verfügt über eine Führungskraft (Gruppen-, Staffel- oder Einheitsführer), um vor Ort seine zugewiesenen Aufgaben abzuarbeiten.

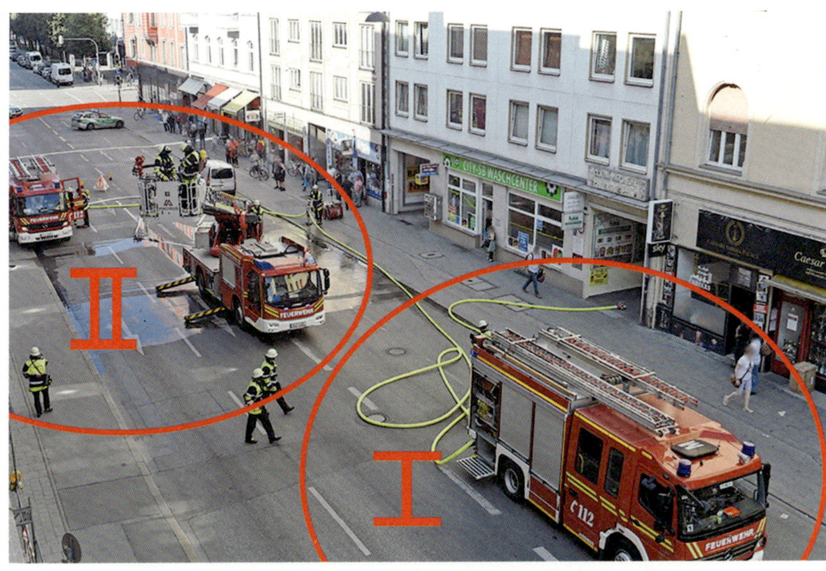

Bild 31: ***Gliederung der Einsatzstelle (Quelle: Berufsfeuerwehr München)***

In Bild 31 ist eine typische Einsatzsituation mit Zimmerbrand im fünften Obergeschoss abgebildet. Die taktische Gliederung erfolgt in zwei Abschnitten. Das Hubrettungsfahrzeug ist dem zweiten HLF (Abschnitt II) zugeteilt und übernimmt die Menschenrettung bzw. Brandbekämpfung über das Hubrettungsgerät. Das erste HLF (Abschnitt I) übernimmt die Brandbekämpfung über den Treppenraum (Verteiler liegt im Hauseingang).

Die Einsatzform kann als »getrennt« bezeichnet werden. Als Besonderheit in diesem Fall ist die Herstellung der Wasserversorgung zu erkennen. Diese wurde von einem Oberflurhydranten vom ersten HLF hergestellt, der zweite Abgang des Hydranten wird auch vom zweiten HLF für die eigene Versorgung verwendet.

Absetzen einer Rückmeldung mit Nachforderung

Nachdem der Einsatz des gesamten Zuges erfolgt ist, kann eine Rückmeldung mit eventuell notwendiger Nachforderung abgesetzt werden. Die Rückmeldung soll in diesem Fall folgenden Inhalt haben:

- Einsatzstelle und Fahrzeug
- Art des Unfalls
- Anzahl der Verletzten
- Nachforderung von Spezialgeräten, Personal oder Fachleuten

Beim zeitlich versetzten Ausrücken des Zuges wird dieses Schema fast automatisch verwendet, da die Erstmaßnahmen durch das erste Fahrzeug an der Einsatzstelle bereits erfolgt sind. Die Rollenverteilungen (Einsatzleiter, Zugführer, Gruppenführer, nachrückende Einheiten) können dabei unterschiedlich sein.

5.5 Umsetzung in Form von praktischen Tipps

Folgende Führungs- bzw. Arbeitsgrundsätze bilden im Einsatz einfache Regeln. Werden diese einfachen Regeln eingehalten, ergibt sich ein stabiles Fundament für einen Einsatzerfolg. Diese Tipps stellen eine grundsätzlich andere Methode als die bisherigen Betrachtungen dar, da diese teilweise losgelöst von den taktischen Grundsätzen der verwendeten Schemata zu sehen sind. Die nachfolgenden Ratschläge stellen das Ergebnis jahrelanger Erfahrung dar und sollen die Möglichkeiten eröffnen, bestimmte persönliche Standards in der Führungsarbeit anzuwenden. Werden diese Verhaltensmuster eingehalten, ist der Grundstock für ein erfolgreiches Führen gelegt.

Strukturen schaffen und einhalten

Die in den FwDV dargestellten Strukturen zur Gliederung eines Zuges sind unter allen Umständen einzuhalten. In der Praxis bedeutet dies, dass Strukturen nicht übersprungen werden dürfen. Der Zugführer soll auf jeden Fall vermeiden, dem einzelnen Trupp einen Auftrag zu erteilen, da dies eine Umgehung der Hierarchieebenen bedeutet. Der Gruppenführer wird nicht mit einbezogen und kann seine übertragenen Aufgaben nicht wahrnehmen, da von seiner Einheit eventuell andere Aufgaben wahrgenommen werden.

Selbstverständlich sind Situationen vorstellbar, die einen direkten Befehl an den Trupp erforderlich machen. In diesem Fall ist unmittelbar nach der Befehlsgabe der zuständige Gruppenführer hierüber zu informieren.

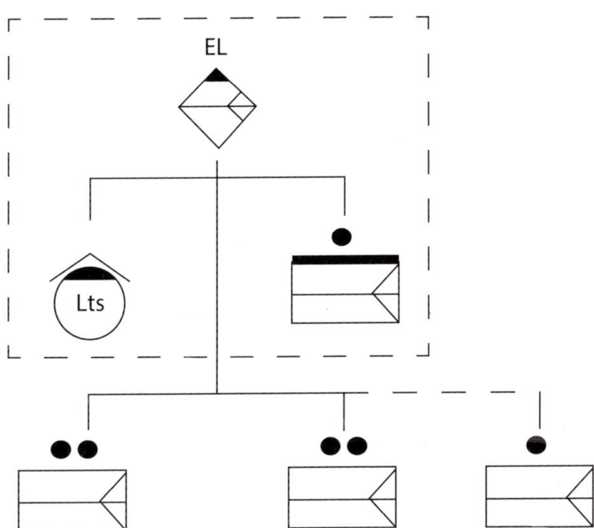

Bild 32: ***Strukturen der Einsatzleitung nach FwDV 100 (Grafik: W. Kohlhammer GmbH)***

Klare Sprache

In der Hektik des Einsatzes steigt der Stresslevel individuell stark an. Eine klare Sprache ist hier notwendig, um die Informationen gezielt und eindeutig zu vermitteln.

Zu beobachten ist, dass bei steigendem Stresspegel häufig die Sprache reduziert und unpräzise wiedergeben wird. Aussagen wie »da vorne« oder »da drüben« deuten nur vermeintlich einen Einsatzabschnitt an. Auch fallen unter Stress viele in ihre gewohnte Sprache zurück und sprechen Dialekt oder Mundart. Auch wenn der individuelle Sprachgebrauch nicht unnötig eingeschränkt werden sollte, kann dieser in (stressigen) Einsatzsituationen schnell zu Missverständnissen führen.

Die Konzentration auf eine klare, eindeutige und genaue Sprache ist wesentlich für die Vermittlung der einsatzrelevanten Aufträge.

Bild 33: ***Problematik einer unklaren Sprache (Grafik: W. Kohlhammer GmbH)***

Auftragstaktik als Standard verwenden

Im weiteren Sinne ist diese Methode als Delegation zu verstehen. Das Gesamtziel wird auf die einzelnen taktischen Einheiten aufgeteilt. In der Regel wird die genaue Umsetzung nicht vorgegeben. Dies führt auch dazu, dass sich die Führer der taktischen Einheiten eigenverantwortlich um diese Aufgabe kümmern müssen. Die Schwierigkeit bei dieser Methode ist, genau zu sagen, was man möchte, ohne sich in die Details einzumischen.

Beispiel:

zu ungenau:

»Erstes HLF zur Brandbekämpfung und Menschenrettung ins erste Obergeschoss«

zu genau:

»Erstes HLF zur Brandbekämpfung mit einem C-Rohr und unter Atemschutz, in Kombination mit der Menschenrettung ins erste Obergeschoss in die Brandwohnung. Dort befindet sich vermutlich noch eine Person und es brennt scheinbar in der Küche«

idealer Befehl:
»Erstes HLF zur Menschenrettung einer Person und Brandbekämpfung des Küchenbrandes im ersten Obergeschoss«

Befehle nach Möglichkeit immer allen Einheitsführern gleichzeitig mitteilen
Der Befehl an die einzelnen Einheiten soll nach Möglichkeit im Beisein aller Einheitsführer gegeben werden. Im Sinne der gedanklichen Struktur »in Fahrzeugen denken« bedeutet dies zum Beispiel bei einem Brandeinsatz, die einzelnen Befehle an die beiden Löschfahrzeuge und das Hubrettungsfahrzeug gemeinsam mit allen drei Einheitsführern zu erteilen. Die Umsetzung der einzelnen Aufgaben erfolgt erst nach der Gabe aller drei Einzel-Befehle. Die Einheitsführer haben damit die Chance das Gesamtbild zu kennen und auch die Aufgaben der anderen Einheiten zu erfassen. Wesentlich ist auch, vor dem Befehl eine kurze Lageeinweisung durchzuführen.

Bild 34: ***Befehle sollten im Beisein aller Einheitsführer erteilt werden. Eine Lageeinweisung vorab ist notwendig. (Quelle: Berufsfeuerwehr München)***

Lagebesprechung regelmäßig mit Lagedarstellung

Für den Wissenstransfer und die notwendigen Abstimmungen sind nach Einleitung der Erstmaßnahmen regelmäßige Lagebesprechungen am ELW durchzuführen. Die kontinuierliche Abstimmung mit den Gruppenführern und weiteren Fachdiensten sorgt für den notwendigen Informationsaustausch. Folgende Einheiten, Fachdienste oder Verantwortliche sollten an einer Lagebesprechung teilnehmen:

- Feuerwehr GF, ZF
- Polizei
- Rettungsdienst ELRD, OrgL, LNA
- Verkehrsmeister
- Betreiber
- THW
- Gaswache
- etc.

Klare Spielregeln (z. B. kein Funkverkehr während Besprechung, so kurz wie möglich, Zeitpunkt der nächsten Lagebesprechung ausmachen etc.) runden diesen Austausch ab.

Bild 35: ***Lagebesprechung (Quelle: Berufsfeuerwehr München)***

Immer Plan B haben

Nach Überwindung der Erstphase eines Einsatzes und Einleitung der ersten Maßnahmen, ist es zwingend erforderlich für alle verteilten Aufgaben eine Alternativlösung gedanklich zu entwickeln.

Neben der eigentlichen Lösung soll immer eine zweite Variante in Betracht gezogen werden. Typische Fragestellungen können hier für einen selbst sein:

- Kann die Person auch über das Hubrettungsfahrzeug gerettet werden?
- Habe ich für das Anheben noch ein alternatives Hebegerät?
- Kommt für die Rettung der Person auch eine andere Möglichkeit in Betracht?
- Ist der Zugang zur Brandwohnung auch über die Rückseite oder den Balkon möglich?

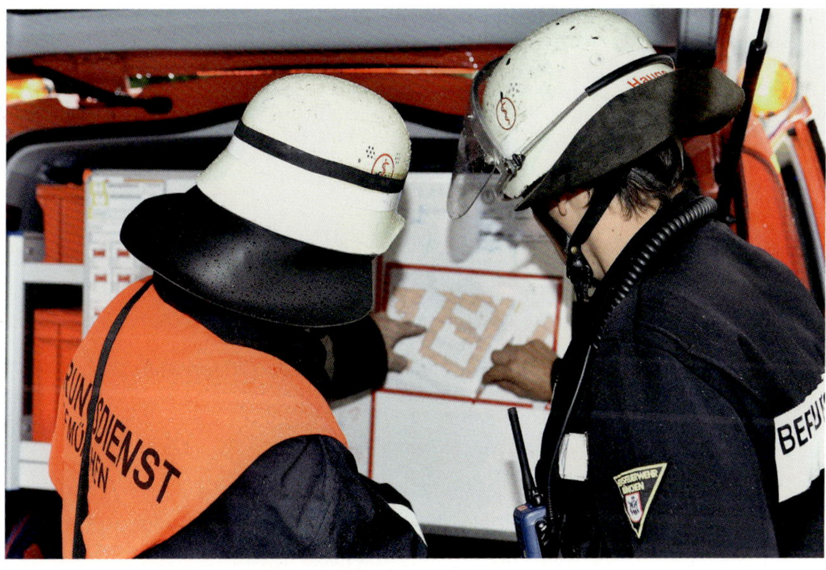

Bild 36: ***Einsatzplan (Quelle: Berufsfeuerwehr München)***

Festlegung von Prioritäten

In einer Einsatzsituation ergeben sich häufig mehrere Möglichkeiten und Abläufe, in welcher Reihenfolge die Abarbeitung erfolgen kann. Wichtig ist in diesem Fall, die Prioritäten klar festzulegen und entsprechend im Befehl zu benennen. Befinden sich zum Beispiel bei einem Brandeinsatz zwei Personen an unterschiedlichen Fenstern und müssen gerettet werden, ist es notwendig, die Reihenfolge bei der Rettung festzulegen. Gleiches gilt beispielhaft bei der Technischen Hilfeleistung mit mehreren Personen.

Bild 37: ***Zimmerbrand mit Flammenüberschlag (Quelle: Berufsfeuerwehr München)***

Möglichkeiten ausnutzen

Das Wissen über den einsatztaktischen Wert von Fahrzeugen, Geräten und der Mannschaft ist hinsichtlich der einzuleitenden Maßnahmen stetig zu hinterfragen. Die einfache Frage zu diesem Tipp lautet: Welche Möglichkeiten habe ich zur Abarbeitung der Gefahr bzw. ist noch eine weitere Alternative möglich?

Nicht zu kleinteilig werden

Geprägt durch eine hochtechnisierte Welt in der wir leben, sind wir bestrebt, immer eine perfekte Lösung abzuliefern. Im Feuerwehreinsatz zählt aber das Gesamtergebnis. Hundert-Prozent-Lösungen sind schwer zu erreichen. Der Aufwand, der notwendig sein kann, um auch die letzten drei Prozent noch zu erreichen, bedeutet einen unverhältnismäßig hohen Ressourceneinsatz. Aus diesem Grund sollte der Einsatz nicht zu kleinteilig geplant werden. Die Ergebnisse zählen und nicht unmittelbar der Weg zu diesen. Aus diesem Grund sollten im Rahmen der Auftragstaktik auch andere Lösungen als die eigene akzeptiert werden.

Auch wenn die Dinge nicht so laufen wie geplant, sollte man nicht vorschnell »selbst Hand anlegen«, sondern auch hier die Gesamtsituation betrachten und die Taktik individuell anzupassen!

In Fahrzeugen denken

Wie bereits im Kapitel 2.2 dargestellt ist eine effektive Möglichkeit, die notwendigen Aufgaben eines Einsatzes zu verteilen, in Fahrzeugen zu denken. Diese Variante ermöglicht eine gedankliche Visualisierung der zur Verfügung stehenden Einheiten. Auch hier kann durchaus individuell gedacht werden. Richtig wäre sicherlich in Funkrufnamen der einzelnen Fahrzeuge zu denken. Erlaubt ist aber auch der persönliche Bezug. Beispielhaft wäre hier die Denkweise:

- Erstes Löschfahrzeug = das alte LF, der Rundhauber, das erste HLF, LF 40/1 etc.
- Zweites Löschfahrzeug = des neue HLF, Name des Aufbauherstellers, LF 40/2 etc.
- Sonderfahrzeug Hubrettungsfahrzeug = kleine Drehleiter etc.

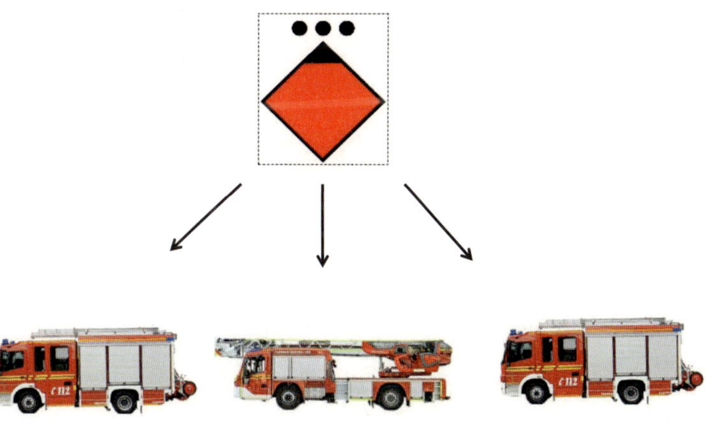

Bild 38: ***»Denken in Fahrzeugen«***

Erlaubt ist, eine Sprache und Begriffe zu verwenden, die bei der jeweiligen Feuerwehr bekannt und etabliert sind. Wesentlicher Vorteil dieser Methode ist die jederzeit klare Zuordnung der Aufgaben zu den Einheiten.

Überblick behalten

Die wesentliche Gefahr kleinteilig und zu stark ins Geschehen gezogen zu werden, kann nur über ein bewusstes Herauslösen aus der Lage erfolgen. In den ersten Minuten des Einsatzes ist dies nicht möglich, muss aber nach Befehlsgabe an alle Einheiten erfolgen. Häufig reichen schon wenige Meter Abstand, um den gesamten Überblick zu bekommen. Die Einsatzkräfte brauchen sowieso Zeit, um sich zu organisieren und die Aufgaben durchzuführen.

Ideal wäre eine Anhöhe oder Erhöhung, um alles überblicken zu können. Der Vergleich zum »Feldherrenhügel« sei mir in diesem Zusammenhang erlaubt.

Bild 39: *Einsatzleiter auf »Feldherrenhügel« (Quelle: Berufsfeuerwehr München)*

Kontrolle der Aufgaben

Die Kontrolle der befohlenen Aufgaben im Rahmen der Auftragstaktik ist für eine erfolgreiche Umsetzung der Einsatzmaßnahmen unerlässlich. Am besten wird im Rahmen des vorherigen Tipps »Überblick behalten« gleichzeitig die Aufgabenkontrolle durchgeführt.

Abstand halten

Die Gefahr, sich auf Grund seiner eigenen Prägung (von der Jugendfeuerwehr, zum Feuerwehrmann und Gruppenführer zum Zugführer) in Details der Durchführung einzumischen, ist gerade bei der Technischen Hilfeleistung sehr groß. Hier gilt es den gebührenden Abstand zum Geschehen zu wahren. Das Ziel ist, sich herauszunehmen und den Überblick zu behalten.

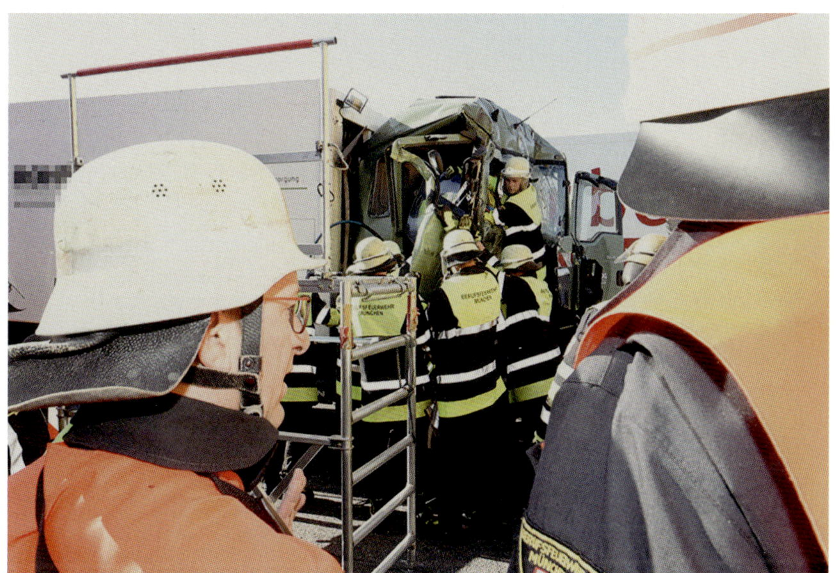

Bild 40: ***Führungskräfte stehen abseits (Quelle: Berufsfeuerwehr München)***

Informationen zeitnah weitergeben

Die Weitergabe von einsatzrelevanten Informationen muss zeitnah erfolgen. Im Besonderen wenn gefährliche Zustände (z. B. Fund einer Gasflasche im Feuer) vorliegen. Die Informationsweitergabe sollte entweder im Rahmen einer unmittelbar anstehenden Lagebesprechung oder über den ELW an jeden Einheitsführer über Funk mit Rückbestätigung des Informationserhaltes erfolgen.

Zeichnungen zur Verdeutlichung verwenden

Bei Darstellung von komplizierten Sachverhalten oder der räumlichen Aufteilung der Einheiten bewährt es sich, eine entsprechende Zeichnung bzw. Skizze anzufertigen. Frei nach dem Motto »Ein Bild sagt mehr als tausend Worte«.

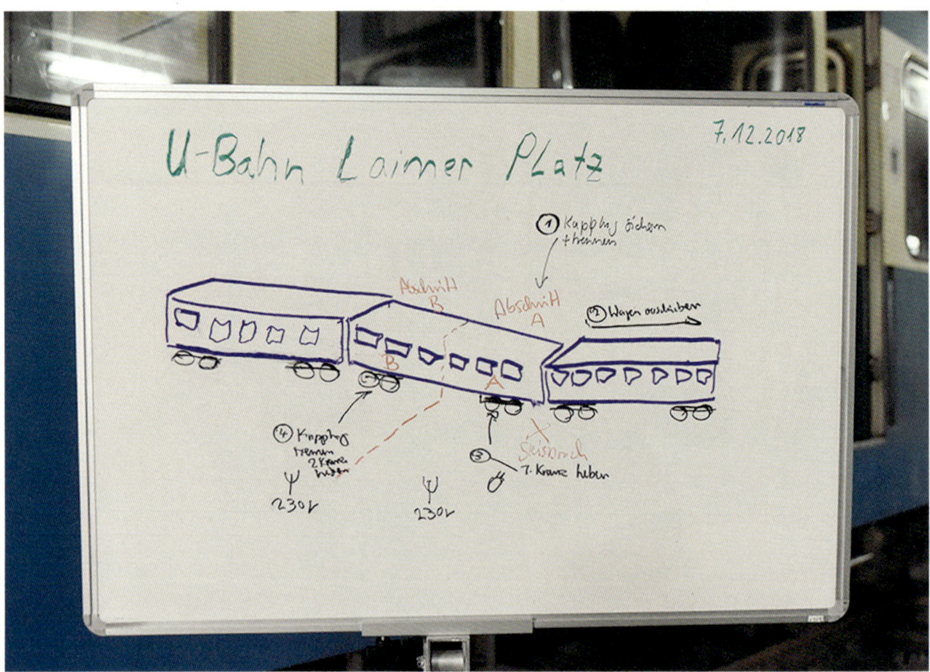

Bild 41: ***Skizze eines Einsatzes an einer U-Bahn (Quelle: Berufsfeuerwehr München)***

Befehl immer persönlich erteilen

Die Befehlsgabe im Rahmen der Auftragstaktik kann auf verschiedenen Wegen erfolgen. Eine Befehlsübermittelung per Funk oder Depesche ist auch möglich. Der beste und eindeutigste Weg ist aber, den Befehl persönlich dem Einheitsführer zu geben. Normalerweise soll der Befehl vom Empfänger immer wiederholt werden. In der Praxis wird dies aber leider häufig vergessen. Daher empfiehlt es sich bei der persönlichen Befehlsgabe den Empfänger genau zu beobachten. Hier spielt die Gestik und Mimik eine entscheidende Rolle. Ob die Anweisung verstanden wurde, lässt sich hier meist beim Empfänger »ablesen«. Die Befehlswiederholung ist jedoch die eindeutigere und daher bessere Lösung.

Bild 42: *Persönliche Befehlsgabe (Quelle: Berufsfeuerwehr München)*

Begrüßung im Einsatzfall

Nicht bei allen Einsätzen ist der Zugführer unmittelbar als erster vor Ort. Je nach Struktur und Stärke der Feuerwehr trifft der Zugführer erst später ein oder die Einheit eines Zuges wird im Laufe des Einsatzes gebildet. Wichtig ist in diesem Zusammenhang beim nachträglichen Hinzukommen als erstes eine kurze Begrüßung der Einheitsführer bzw. Mannschaft durchzuführen. Selbstverständlich ist nicht die Begrüßung aller Einsatzkräfte möglich, aber durch diese Geste wird zum einen der Respekt gegenüber den am Einsatz Beteiligten ausgedrückt und die Wahrnehmung der Funktion ist damit erkennbar.

Die Entscheidung zur Übernahme der Funktion bzw. der Einsatzleitung sollte erst nach Lageeinweisung und Abwägung der Notwendigkeit erfolgen. Bei nicht erforderlicher Übernahme der Funktion, ist es vorteilhaft die Einsatzstelle wieder zu verlassen und damit den Kräften vor Ort zu signalisieren, dass entsprechendes Vertrauen in die Arbeit vor Ort vorhanden ist.

Bild 43: ***Begrüßung im Einsatz (Quelle: Berufsfeuerwehr München)***

Eines nach dem anderen

Nach erfolgtem Befehl an die Einheitsführer erfolgt normalerweise eine kurze Entspannungsphase, welche auch ausgehalten werden muss. Die wesentlichen Entscheidungen für die ersten Maßnahmen sind erfolgt und es muss abgewartet werden, wie der Plan umgesetzt wird. Diese Entwicklungszeit für die Kräfte ist wichtig und kann je nach Aufgabe auch durchaus Zeit in Anspruch nehmen. Die Zuteilung von weiteren Aufgaben kann hier kontraproduktiv sein, da sonst die Einheiten schnell in die Überforderung kommen. Selbstverständlich ist bei akuten Gefahrenlagen (z. B. Selbstgefährdung, Lageänderung etc.) ein sofortiges Handeln erforderlich.

Übersichten führen

Das standardisierte Führen von Übersichten für die Visualisierung des Einsatzes ist eine Standardmaßnahme beim Einsatz eines Zuges. Hierunter werden Lagekarte zur Kräfteübersicht, räumliche Aufteilungen oder auch eine Schlüsselübersicht bei Räumungen verstanden. Die Übersicht wird in der Regel vom Einsatzleiter geführt und praktischerweise beim ELW dargestellt.

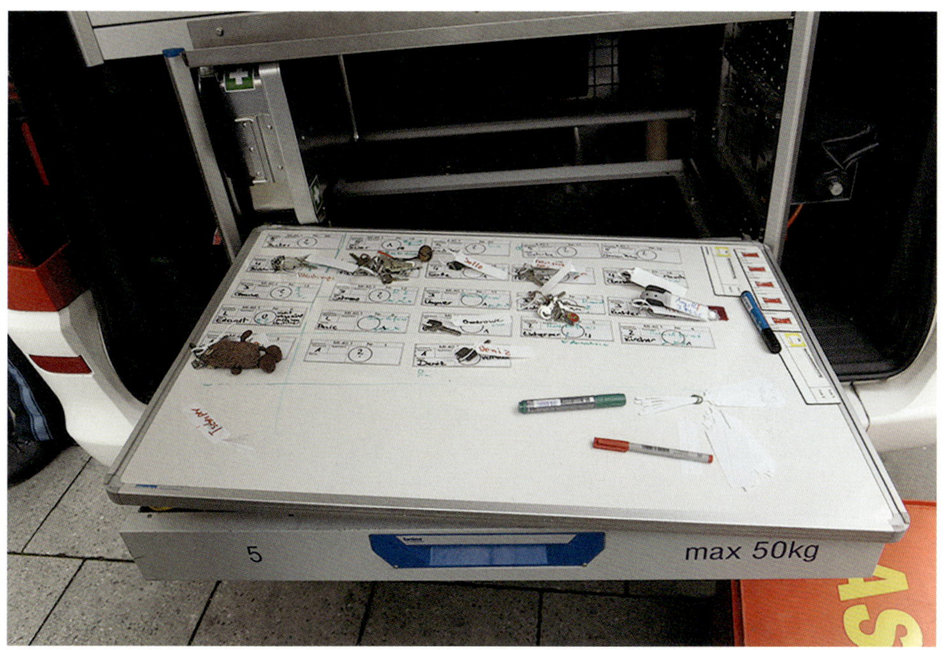

Bild 44: ***Schlüsselbrett (Quelle: Berufsfeuerwehr München)***

Räumliche Trennung als Einsatzform bevorzugen

Im Kapitel 3 wurde bereits auf die Einsatzformen eines Zuges eingegangen. Durch die Möglichkeit einer klaren Aufgabenzuweisung und in der Folge einer räumlichen Trennung ist diese Einsatzform zu bevorzugen. Vorteil ist in dieser Form auch der gedankliche Ansatz, in Fahrzeugen zu denken, und bestimmte Aufgaben diesen Fahrzeugen zuzuordnen.

Die räumliche Aufteilung einer Einsatzstelle hat weiterhin den Vorteil, dass die den Einsatzabschnitten zugeteilten Einheiten einen Aufgabenbereich bearbeiten, der visuell erkennbar ist.

Reserven bilden

Bei Einsatz aller Kräfte des Zuges muss rechtzeitig an die Bildung von Reserven gedacht werden. Eine entsprechende Nachforderung ist unmittelbar nach Auftrag an alle Einheiten durchzuführen.

Bild 45: ***Einsatz mit räumlicher Trennung (Quelle: Berufsfeuerwehr München)***

Ruhe bewahren und ausstrahlen

Dieses Verhaltensmuster ist nichts Neues und wird seit langem schon in der Atemschutzausbildung gelehrt. Der alte Bergmannsspruch »Stehe still und sammle Dich« drückt in diesem Zusammenhang alles Wesentliche aus.

Als Zugführer ist es wichtig, ruhig und klar aufzutreten. Es ist unbedingt erforderlich diese Ruhe auszustrahlen, damit diese sich auf die Einheitsführer und in der Folge auch auf die Mannschaft übertragen kann. Hektisches und unruhiges Hin- und Herlaufen, Schreien oder wildes Gestikulieren sind nicht angebracht.

Ansprechbar sein

Der Zugführer sollte sich an einem zentralen Ort aufhalten und für seinen Zug ansprechbar sein. Rückmeldungen und Lageänderungen oder Rückfragen zu Aufträgen können so deutlich schneller abgearbeitet werden.

Bild 46: ***Der Zugführer steht am Verteiler und ist damit an zentraler Stelle als Ansprechpartner zu finden (Quelle: Berufsfeuerwehr München).***

5.6 Besonderheiten beim eigenen Führungsverhalten

Im Zusammenhang mit dem eigenen erfolgreichen Führungsverhalten ist ein hohes Maß an Selbstkritik und Eigenreflexion notwendig. Das Hilfeleistungssystem Feuerwehr unterliegt im Einsatz keinen systematischen Qualitätskontrollen. Standards wie sie in der Industrie vorzufinden sind, fehlen in diesem Aufgabenfeld gänzlich. In der Regel ist jeder Hilfesuchende froh, wenn die Feuerwehr kommt und einem hilft. Die Frage, ob Verbesserungen des Einsatzablaufs möglich sind, wird häufig nicht gestellt, da jeder Einsatz einen Einzelfall darzustellen scheint, der sich – zumindest in gleicher Form – nicht noch einmal wiederholen wird. Auch wenn die Unterschiede in der

Ausführung von Einsätzen minimal sind, werden diese auf Grund der Besonderheit eines jeden Einsatzes als grundlegend verschieden wahrgenommen.

Das Besondere in derartigen Situationen ist, dass bei Eingang des Anrufes in der Leitstelle das Unglück schon stattgefunden hat. Die Feuerwehr ist nicht verantwortlich für den Ausbruch des Feuers oder für den Unfall. In der Folge trägt Sie zur Verbesserung der Situation (Löschen des Feuers oder Retten des Unfallopfers) bzw. zur Lösung des Problems bei.

In der Gesamtbetrachtung ist daher festzustellen, dass bei den meisten Einsätzen nichts falsch gemacht wurde bzw. durch eine Verbesserung der Situation (die Selbsthilfe ist häufig nicht möglich) fehlerhaftes Handeln nicht wahrgenommen wird. In dieser Erkenntnis liegt aber die Chance, das eigene Führungsverhalten und die eingeleiteten Maßnahmen im Einsatz zu hinterfragen. Bei der Verbesserung des eigenen Verhaltens ist festzustellen, dass viele Feuerwehrangehörigen im Einsatz und bereits bei realistischen Einsatzübungen in bestimmte Handlungsmuster verfallen. Diese Muster zu kennen und selbst wahrzunehmen, ist eine entscheidende Chance, sein Verhalten anzupassen und zu verbessern.

Die Gefahr besteht sonst, dass scheinbar gut gelaufene Einsätze (in der eigenen Wahrnehmung) als perfekte Lösung »abgespeichert« werden und bei vergleichbaren Situationen wieder so gehandelt wird. In diesem Zusammenhang stellt das Buch von Markus Pulm (Falsche Taktik – Große Schäden) ein ideales Standardwerk für die Führungskräfte zur Qualitätsverbesserung der Einsätze bzw. des eigenen Handelns dar. Entsprechende Alternativen werden hier genau beschrieben und regen zum Nachdenken über das eigen Handeln an.

Literaturtipp:

Markus Pulm: Falsche Taktik – Große Schäden, 9. Auflage, W. Kohlhammer Verlag, 2020.

Wie bei vielen Verhaltensmustern und auch Regularien ist das Wissen über die eigene Geschichte und Entwicklung eine Chance, mit seinem Verhalten als Führungskraft umzugehen. Frei nach dem Spruch: »Der Mensch wächst mit seinen Aufgaben«.

Diese Differenzierungen sind keine Kritik an dem Menschen und seiner Entwicklung in der Feuerwehr oder den unterschiedlichen Systemen, sondern vielmehr die

Chance, sein eigenes Handeln im Umfeld klarer zu erkennen und entsprechend im Sinne eines optimierten Führungsverhaltens dieses Wissen zu nutzen!

Letztendlich trägt diese Verbesserung zu einem optimierten Einsatzablauf bei. Der Schaden wird dadurch nur durch unvermeidliche Maßnahmen vergrößert, um beispielsweise eine Menschenrettung durchzuführen.

6 Die Phasen des Einsatzes

6.1 Einsatzvorbeugung

Unter welchen Voraussetzungen bei Brandeinsätzen die Brandbekämpfung durchgeführt wird, ist in Deutschland durch die länderspezifischen Bauordnungen geregelt. Durch die Musterbauordnung (MBO) sind aber in allen entsprechenden länderspezifischen Bauordnungen die Schutzziele gleich.

Die drei grundlegenden Schutzziele sind:

- Rettung von Menschen und Tieren
- Ausbreitung von Feuer und Rauch verhindern
- Wirksame Löschhilfe

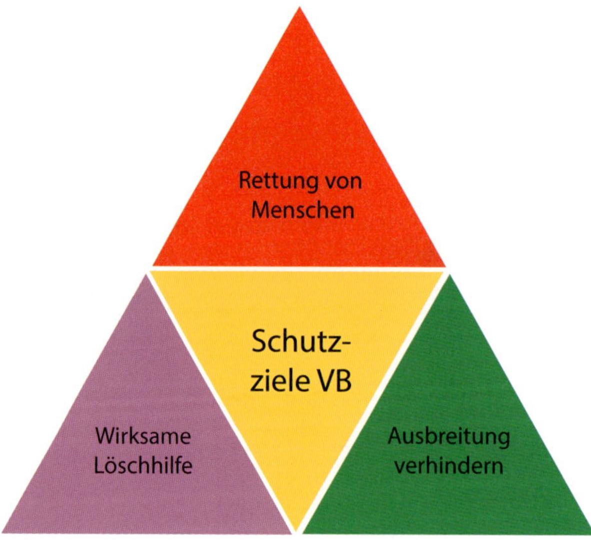

Bild 47: ***Die Schutzziele des Vorbeugenden Brandschutz***

In entsprechenden Sonderbauvorschriften sind verschiedenen Regelungen hierfür zu finden. Je nach Bundesland wurden diese bauaufsichtlich eingeführt oder werden für die Planung als Grundlage herangezogen. Zum Beispiel die Schulbaurichtlinie oder die Hochhausrichtlinie. Zur Vereinfachung kann aber in Wohnungs- und Sonderbau unterschieden werden. Selbstverständlich ist diese Unterscheidung sehr oberflächlich und das tatsächliche Regelwerk im Vorbeugenden Brandschutz ist hoch komplex. Mit dieser einfachen Unterscheidung ergeben sich aber bei der Rettungswegbetrachtung zwei unterschiedliche Sachstände.

Im Wohnungsbau ist normalerweise der erste Rettungsweg der Treppenraum und der zweite Rettungsweg ein durch Feuerwehrgerät (tragbare Leiter oder Hubrettungsgerät) erreichbare, anleiterbare Stelle. Im Sonderbau sind üblicherweise zwei bauliche Rettungswege vorgesehen. Die Schwierigkeit besteht nun in der Übertragung des Wissens aus dem Vorbeugenden Brandschutz in den Abwehrenden Brandschutz und letztlich die Sensibilisierung dafür, welchen Einfluss dies auf die Einsatztaktik hat. Am Beispiel des Hubrettungsfahrzeuges ist dieser Sachverhalt an der Rettungswegkonzeption vom Wohnungsbau und Sonderbau gut nachvollziehbar.

Im normalen Wohnungsbau stellt das Hubrettungsfahrzeug bauordnungsrechtlich ab dem zweiten Obergeschoss den zweiten Rettungsweg. Im Einsatzfall ist daher kritisch bei einem Zimmerbrand abzuwägen, ob das Hubrettungsfahrzeug im ersten Zugriff für die Feuerwehr als Angriffsweg genutzt wird oder ob dieses als zweiter Rettungsweg in weiteren Nutzungseinheiten für die Menschenrettung zur Verfügung steht.

Im Sonderbau dagegen stehen üblicherweise zwei bauliche Rettungswege zur Verfügung. Dies bedeutet im Umkehrschluss, dass das Hubrettungsfahrzeug für die Menschenrettung baurechtlich nicht notwendig ist. Im Wissen über einen vorhanden zweiten Rettungsweg, kann die Entscheidung zum Einsatz des Hubrettungsfahrzeugs als Angriffsweg für die Feuerwehr leichter getroffen werden.

Neben diesem einfachen Bespiel der Auswirkungen des Vorbeugenden Brandschutzes auf die Einsatztaktik der Feuerwehr ergeben sich noch eine Reihe weiterer Einflüsse. Beispielhaft sind hier die Abtrennungen im Wohnungsbau zwischen den einzelnen Nutzungseinheiten (in der Regel den Wohnungen) zu nennen. Die Ausbreitung des Feuers bleibt im Wohnungsbau normalerweise auf die Nutzungseinheit begrenzet. Die Ausbreitung des Feuers erfolgt häufig über Fenster oder Balkone in die darüberliegende Nutzungseinheit (Wohnung).

Als weitere wichtige Einrichtungen des Vorbeugenden auf den Abwehrenden Brandschutz können folgende Einrichtungen gesehen werden:

- Brandwände
- Löschanlagen
- Sicherheitstreppenräume
- Abtrennung von Keller und Speicherräumen
- Feuerwehraufzüge
- Abgetrennte Treppenräume
- Notwendige Flure

- Notleiteranlagen
- Brandmeldeanlagen
- Brandschutztüren, Brandschotts oder Brandschutztore
- Brandabschnitte
- etc.

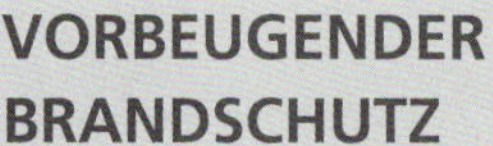

- Entstehung und Ausbreitung von Feuer und Rauch vorbeugen
- Rettung von Menschen und Tieren
- Einsatzkräfte-sicherheit
- Wirksame Löscharbeiten

Rahmenbedingungen für Fremdrettung, Löscharbeiten und den Ressourcenbedarf der Feuerwehr

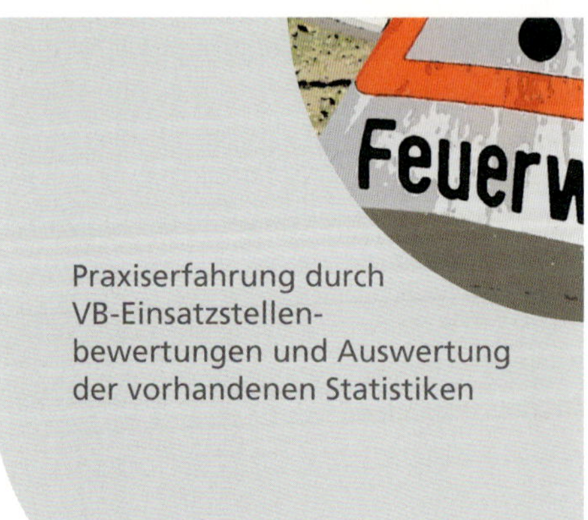

Bild 48: *Regelkreis des Brandschutzes (Quelle: Dipl.-Ing.(FH) Peter Bachmeier, Leiter Einsatzvorbeugung, BF München)*

Neben diesen beispielhaft aufgeführten Einrichtungen des baulichen oder anlagentechnischen Brandschutzes gibt es aber im Bestand durchaus Gegebenheiten die im Einsatzfall entsprechende Probleme bereiten, z. B.:

- Wärmedämmverbundsysteme
- Holztreppenräume im Altbau
- Fehlende bauliche Trennung im Denkmalschutz
- Fehlböden bzw. Holzbalkenkonstruktionen im Altbau
- Solarthermie bzw. Photovoltaikanlagen auf Dächern
- Betriebliche Mängel durch außerkraftsetzen von baulichen Einrichtungen (z. B. Aufkeilen einer Brandschutztür)

In diesem Zusammenhang kann von einem Regelkreis des Brandschutzes gesprochen werden. Die beiden Segmente Vorbeugender und Abwehrender Brandschutz greifen hierbei unmittelbar ineinander. Die Auswirkungen des Vorbeugenden Brandschutzes auf den Abwehrenden Brandschutz sind erheblich. Das Wissen über die vorgefundenen baulichen, anlagentechnischen und organisatorischen Festlegungen erleichtern es dem Zugführer entsprechende taktische Entscheidungen zu treffen. Die notwendigen Transferleistungen zu erbringen und das Wissen über den Vorbeugenden Brandschutz in die Einsatztaktik eines Brandeinsatzes einfließen zu lassen, ist eine wichtige Aufgabe zur praktischen Umsetzung der Festlegungen der Einsatzvorbeugung.

6.2 Einsatzvorbereitung

In der klassischen Sichtweise des Themas Einsatzvorbereitung werden häufig materielle Dinge gesehen. Grundsätzlich ist aber eine Unterscheidung in technische, organisatorische Bereiche sowie die Ausbildung sinnvoll.

- **Technische Voraussetzungen**
  Verfügbare und funktionsfähige Geräte und Fahrzeuge zur Aufgabenwahrnehmung
- **Organisatorische Voraussetzungen**
  Hierunter fallen Einsatzpläne, Straßenkarten, einsatzklare Fahrzeuge, die Organisation der Alarmsicherheit und interne Anweisungen (z. B. Standardeinsatzregeln, Konzepte oder Führungsbereitschaft)

- **Ausbildung**
  Die praktische Ausbildung ist die beste Vorbereitung auf den Einsatz, muss aber auch für die Führungsfunktion durchgeführt werden.

Auch die Erstellung eines Feuerwehrbedarfsplanes und dessen Umsetzung innerhalb einer Gemeinde ist als Baustein der Einsatzvorbereitung zu sehen.

6.3 Einsatzlenkung

Klassisch wird die Aufgabe einer Leitstelle bei vielen Feuerwehren als Notrufannahme, Disposition und Alarmierung der Feuerwehr gesehen. Die große Chance besteht aber auch hier im laufenden Einsatz die Leitstelle als wichtigen Partner zur Aufgabenbewältigung zu verstehen. Neben der klassischen Aufgabe der Nachalarmierung, kann die Leitstelle auch folgende wesentliche Unterstützung im Einsatzfall leisten:

- **EWO Abfrage**
  Abfrage der gemeldeten Einwohner in einem Gebäude zur Abschätzung der möglicherweise betroffenen Personen.
- **Energieversorgungsstatus**
  Verfügt das Gebäude über einen Gasanschluss, von dem bei einem Brand weitere Gefahren ausgehen können?
  Welche Rettungskarte findet bei dem verunfallten Fahrzeug Anwendung und unterstützt die Arbeiten am Fahrzeug?
- **Gefahrgutinformationen**
  Um welchen Stoff handelt es sich und welche Gefahren gehen von diesem Stoff aus?
- **Wasserversorgung – Druckerhöhung**
  Kontaktaufnahme mit den Wasserwerken zur Druckerhöhung bei einem erhöhten Löschwasserbedarf.
- **Reserven Bildung**
  Organisation der Nachforderung und Zuführung an die Einsatzstelle sowie Organisation von Verfügungsräumen und Abrufplätzen.
  Kontaktaufnahme mit notwendigen Ansprechpartnern.

Die Liste der Unterstützungsmaßnahmen lässt sich weiterführen und verdeutlicht, dass die Leitstelle in der Lage ist dem Zugführer bei seiner Aufgabe entsprechend zu unterstützen. Der Zugführer ist aber auch gut beraten, diese Leistungen der Leitstelle aktiv einzufordern.

6.4 Einsatznachbearbeitung

Nach Abschluss der Einsatzmaßnahmen ist, neben der technischen Wiederherstellung der Einsatzbereitschaft und eventueller verwaltungstechnischer Arbeiten, das Thema einer Einsatznachbesprechung ein wichtiges Element, um den Einsatz gedanklich aufarbeiten zu können. Diese Einsatznachbesprechungen können unmittelbar an der Einsatzstelle, aber auch erst auf der Wache bzw. im Gerätehaus durchgeführt werden.

Die reguläre Einsatznachbesprechung hat sich bei allen Einsätzen bewährt, bei denen die Feuerwehr in Zugstärke im Einsatz war. Es geht bei diesen Nachbesprechungen nicht um die Aufarbeitung von belastenden Einsätzen. Hierzu gibt es je nach regionalen Gegebenheiten entsprechende Teams für diese Form der Nachbesprechung.

Vielmehr geht es bei diesen technisch-taktisch orientierten Nachbesprechungen um den Ablauf des Einsatzgeschehens, die Maßnahmen, die Aufträge und die Umsetzung. Eine spezielle Form der Nachbesprechung ist hierfür nicht vorgegeben. Vom Grundsatz kann diese als eine Art Erfahrungsaustausch angesehen werden und sollte immer in einer fairen und respektvollen Art erfolgen. Vorwürfe oder Schuldzuweisen helfen keinem.

Die Nachbesprechungen können in zwei Ebenen ablaufen. In der ersten Stufe erfolgt die Nachbesprechung nur zwischen dem Zugführer und den eingesetzten Einheitsführern. In dieser Nachbesprechung können die führungstechnischen Abläufe nochmals nachbesprochen werden. Bewährt hat sich folgendes Schema:

1. Schilderung der vorgefundenen Lage durch den Zugführer
2. Überlegungen für die Aufgabenverteilung
3. Rückmeldung der Einheitsführer zu den vorgebrachten Überlegungen
4. Darstellung der Einheitsführer, welche Maßnahmen umgesetzt wurden
5. Rückmeldung des Zugführers zur Umsetzung

In der zweiten Ebene kann eine Nachbesprechung mit allen beteiligten Kräften durchgeführt werden. Um diese Nachbesprechung geordnet, zeitlich begrenzt und strukturiert durchzuführen, hat sich folgender Ablauf bewährt:

1. Schilderung der Lage und der Maßnahmen durch den Zugführer (diese Schilderung ist äußerst wichtig, da häufig nicht alle Beteiligten einen Gesamtüberblick haben und somit im Detail erfahren, was geschehen ist – es bleibt kein Spielraum für Spekulationen)
2. Nachfragen bei allen Beteiligten, ob der Gesamtablauf des Einsatzes verstanden wurde
3. Abfrage bei allen Beteiligten, bei welcher Ausführung von Tätigkeiten es zu Problemen gekommen ist und wie diese vermieden werden können (wichtig ist hier nicht nur die Probleme benennen zu lassen, sondern ebenfalls gleich die Aufforderung, einen Vorschlag zur Verbesserung bzw. Vermeidung einzubringen)
4. Abschluss der Besprechung mit einem Dank an alle Beteiligten

Alternativ kann auch die Nachbesprechung in den einzelnen Gruppen bzw. Einheiten oder Abschnitten geführt werden. Der Ablauf entspricht dann in etwa dem bereits vorgestellten. Gerade in Bereichen mit Sonderaufgaben (beispielhaft bei einem ABC-Einsatz) ist diese Variante zielführender.

Entscheidend ist aber, bei allen Einsätzen mit Atemschutz oder einer Menschenrettung eine Nachbesprechung durchzuführen. Selbst bei kleinen Einsätzen sollte diese Möglichkeit zur Verbesserung der Fehlerkultur bei der Feuerwehr genutzt werden.

7 Einsatzbeispiele

Zur Verdeutlichung der taktischen Verwendung eines Zuges und der Möglichkeiten, die sich im Einsatz ergeben, werden im Folgenden Einsatzbeispiele vorgestellt. Die Schwierigkeit bei derartigen Beispielen, die mit einfachen Bildern dargestellt werden, liegt in der unterschiedlichen Interpretation des Betrachters. Diese ist stark geprägt von den persönlichen Erfahrungen.

Beispielsweise ist hier die Darstellung einer zu rettenden Person an einem Fenster im vierten Obergeschoss genannt. Je nach Erfahrung und persönlich erlebter vergleichbarer Situation, wird die Person von ruhig bis hektisch interpretiert. In der Folge werden vom Betrachter unterschiedliche Einsatzmaßnahmen veranlasst. Im einfacheren Fall wird die Person mit einem Hubrettungsfahrzeug unmittelbar gerettet, im anderen Fall wird zusätzlich ein Sprungpolster zur Absicherung aufgestellt, da in der Bewertung durch den Betrachter ein Springen unmittelbar bevorsteht. Beide Maßnahmen sind richtig. In der Folge haben diese aber auf die taktische Verwendung eines Zuges erhebliche Auswirkung.

Im Fall der Rettung durch das Hubrettungsfahrzeug, kann diese Aufgabe unmittelbar diesem Fahrzeug zugeordnet werden. Das Fahrzeug kann als eigenständige taktische Einheit verwendet werden. Im Fall der zusätzlichen Absicherung durch ein Sprungpolster ergeben sich schon zwei Varianten.

Variante 1

- Das Hubrettungsfahrzeug übernimmt als eigenständige taktische Einheit die Menschenrettung
- Das Löschfahrzeug erhält den Auftrag zur Absicherung der Person (Vornehmen eines Sprungpolsters)
- Beide Befehle müssen für beide taktischen Einheiten klar sein, damit diese koordiniert ablaufen und nicht das Sprungpolster beispielsweise im Aufstellbereich des Hubrettungsfahrzeuges steht

Variante 2

- Das Hubrettungsfahrzeug wird einem Löschfahrzeug unterstellt
- Der Gruppenführer erhält den Auftrag zu Rettung und Absicherung der Person
- Hier reicht ein Befehl an den Gruppenführer, der diesen Abschnitt entsprechend koordiniert

Beide Varianten sind richtig, wobei die Variante 2 die bessere Lösung in diesem Fall darstellt. Grundsätzlich hängt diese Lösung aber wieder an der Betrachtung des Falles und den persönlichen Erfahrungen des Einzelnen.

Wird nun die Person zusätzlich durch Rauch bedroht bzw. steht eventuell im Rauch, ergibt sich die Frage nach der Verwendung von Atemschutz für den Trupp im Korb des Hubrettungsfahrzeuges. Durch diesen weiteren Faktor, der ebenfalls wieder von der persönlichen Betrachtung und Erfahrung abhängt, ergeben sich nochmals weitere Lösungen bzw. Varianten.

Bei Betrachtung des Bildes 27 (vgl. Seite 54) wird klar, dass hierzu verschiedene taktische Varianten vorstellbar sind. Die nachfolgenden Beispiele lassen daher ebenfalls verschiedene Lösungen zu, die deutlich von der eigenen Einschätzung der Situation abhängig sind. Wichtig ist, die verschiedenen Möglichkeiten gedanklich durchzuspielen, um im Einsatzfall auf verschiedene Lösungswege zurückgreifen zu können und anschließend die erfolgversprechendste Lösung umsetzen zu können.

Bei den folgenden Einsatzbeispielen werden auch Faktoren der sogenannten kalten Lage in die taktischen Überlegungen mit einbezogen. Im Besonderen wird hier auch auf einen Einfluss des Vorbeugenden Brandschutzes bzw. der räumlichen Situation auf die taktischen Maßnahmen eingegangen. Selbstverständlich spielen die örtlichen Verhältnisse wie Wetter und Uhrzeit auch eine Rolle.

Auf Grund der unterschiedlichen einsatztaktischen Werte der örtlich vorhandenen Fahrzeuge und Geräte sowie der Zusammensetzung der Mannschaft kann auf diesen Aspekt bei den Beispielen nur bedingt eingegangen werden. Ebenfalls wird der Schwerpunkt auf die taktische Betrachtung der Feuerwehr gelegt. Aspekte zur Patientenversorgung und Rettung sowie polizeiliche Maßnahmen werden nicht beachtet.

7.1 Einsatzbeispiel 1 – Zimmerbrand: »Person droht zu springen«

Ausgangslage:

In einem fünfgeschossigen Wohnhaus, brennt es im vierten OG in einer Zwei-Zimmer-Wohnung. Das Feuer droht auf den Dachstuhl überzugreifen. Die Wohnung hat Fenster Richtung Straße und Hinterhof. Die Hofdurchfahrt ist als Feuerwehrzufahrt gekennzeichnet und entsprechend durch Hubrettungsfahrzeuge befahrbar. Der Zugang zum Treppenraum befindet sich in der Durchfahrt und ist geöffnet. Im

Treppenraum ist ganz oben Rauch erkennbar. Auf der Straßenseite steht eine Person der betroffenen Wohnung am Fenster und ruft um Hilfe. Am Klingelbrett des Wohnhauses ist zu erkennen, dass pro Geschoss drei Wohnungen vorhanden sind. Im Erdgeschoss befindet sich ein Frisörladen. Die Alarmierung erfolgt um ca. 23:00 Uhr im Januar bei ca. minus 10 C°.

Bild 49: ***Einsatzbeispiel 1: Häuserfront aus Sicht der Hofseite (Quelle: Berufsfeuerwehr München)***

Kräfteansatz:

Einsatzleitwagen, zwei Hilfeleistungs-Löschgruppenfahrzeuge und ein Hubrettungsfahrzeug

Fragestellungen:

1. Welche Informationen können aus den baulichen bzw. räumlichen Gegebenheiten, der Tageszeit und dem Wetter gewonnen werden und welche taktischen Grundüberlegungen ergeben sich hieraus?
2. Wie könnten Sofortmaßnahmen und weitere Maßnahmen aussehen?
3. Welche Einsatzabschnitte können gebildet werden?
4. Welche sinnvollen taktischen Gliederungen für diesen Einsatz ergeben sich?
5. Welche Einsatzformen sind sinnvoll für den Einsatz des Zuges?
6. Wie könnten die Befehle an die einzelnen Einheiten lauten?
7. Welche Besonderheiten beeinflussen eventuell den Einsatzverlauf?

Frage 1 – taktische Informationen und Überlegungen

- Zimmerbrand im Bereich geschlossene Wohnbebauung mit vermutlicher räumlicher Trennung der Geschosse
- Zentraler Zugang über einen Treppenraum in die Geschosse
- Ab dem ersten OG pro Geschoss drei Wohnungen
- Speicher nicht ausgebaut mit vermutlicher Lagerfläche
- Bauliche Trennung zum Nachbarhaus vergleichbar einer Brandwand
- Brandwandführung über Dach fraglich
- Rauchabzug möglicherweise vorhanden
- Belegung der Wohnung um diese Tageszeit mit Personen sehr wahrscheinlich/zusätzliche Gefahr für die Einsatzkräfte durch Dunkelheit und Frost (Löschwasser gefriert)
- Brandausbreitung in den Dachstuhl wahrscheinlich, Brandausbreitung auf weitere Wohnungen unwahrscheinlich
- Rauchausbreitung vermutlich im vierten OG
- Erster Rettungsweg für Bewohner im vierten OG durch Rauch nicht passierbar, Hubrettungsgerät stellt somit den zweiten Rettungsweg für die weiteren zwei Nutzungseinheiten im vierten OG sicher, Drehleiter auf der Vorder- und Rückseite entsprechend einsetzbar. Alternative besteht

durch Nutzung des Rauchabzugs zum Freihalten des ersten Rettungsweges

Frage 2 – Maßnahmen

- Sofortmaßnahmen:
  Menschenrettung der Person und Verhinderung der Brandausbreitung auf den Dachstuhl
- weitere Maßnahmen:
  Brandbekämpfung des Feuers in der Wohnung mit Absuchen nach weiteren Personen, Sicherung oder Rettung der Personen aus den anderen beiden Wohnungen im Brandgeschoss je nach Rauchausbreitung

Frage 3 – Einsatzabschnitte

- Innenangriff über Treppenraum
- Personenrettung Straßenseite
- Brandbekämpfung Hofinnenseite

Frage 4 – Gliederung

- Erstes HLF: Straßenseite für den Innenangriff über den Treppenraum
- Zweites HLF: im Innenhof für eine Riegelstellung zur Verhinderung der Brandausbreitung
- Hubrettungsfahrzeug für die Personenrettung der Person am Fenster
- Das Hubrettungsfahrzeug kann dem ersten HLF (Straßenseite) unterstellt werden oder als eigenständige taktische Einheit verwendet werden

Frage 5 – Einsatzform des Zuges

Einsatzform getrennt mit mindestens zwei Einsatzabschnitten und einer räumlichen Trennung der Einheiten bzw. der Abschnitte (Vorderseite und Rückseite)

Frage 6 – Befehle

- Lage:
  Zimmerbrand im vierten OG mit betroffener Person auf der Vorderseite, weitere Personen unbekannt, Zugang über zentralen Treppenraum mit Verrauchung, Brandausbreitung im Hinterhof auf Dachstuhl
- Befehl an das erste HLF und das Hubrettungsfahrzeug:
  Das Hubrettungsfahrzeug wird dem ersten HLF unterstellt. Menschenrettung der Person im vierten OG und Menschenrettung bzw. Brandbe-

kämpfung in der Brandwohnung über den Treppenraum, Fahrzeugaufstellung vor dem Gebäude

- Befehl an das zweite HLF:
  Zweites HLF verhindert im Hinterhof die Brandausbreitung auf den Dachstuhl, Fahrzeugaufstellung im Innenhof – Platz lassen für Drehleiter

In der Folge ist dieser Erstbefehl noch zu konkretisieren (z. B. Hubrettungsfahrzeug nicht als Angriffsweg verwenden, da dieses eventuell für die Menschenrettung der Personen in den anderen Wohnungen benötigt wird).

Frage 7 – Besonderheiten
Bei detaillierter Betrachtung des Beispiels ergeben sich noch viele Fragestellungen und in der Folge entsprechend verschiedene Handlungsabläufe. Deutlich wird dies an der Frage nach dem Rauchabzug. Ist dieser vorhanden, kann der Treppenraum entsprechend schnell rauchfrei gemacht werden, fehlt dieser bzw. ein geeignetes Fenster, wird die Entrauchung komplizierter. Gleiches gilt für die Anordnung der Wohnungen. Die betroffene Wohnung ist durchgesteckt. Dies bedeutet, dass je ein Fenster nach vorne und eines zum Hinterhof geht. Wie sieht dies bei den anderen beiden Wohnungen aus. Sind diese auch durchgesteckt oder nur nach vorne bzw. hinten mit Fenstern versehen. Dies hat Auswirkungen auf den zweiten Rettungsweg.

7.2 Einsatzbeispiel 2 – Verkehrsunfall mit Straßenbahn: »Viele Verletzte«

Ausgangslage:

Im innerstädtischen Bereich ist es nach einer Kreuzung zu einem Zusammenstoß zwischen einer Straßenbahn und einem Pkw gekommen. Die Straßenbahn ist mit ca. 40 Personen besetzt, davon sind durch die Gefahrbremsung ca. zehn Personen gestürzt bzw. haben sich entsprechend verletzt. In dem Pkw befinden sich zwei Personen, davon ist der Fahrer im Fahrzeug eingeklemmt, der Beifahrer eingeschlossen. Aus dem Pkw laufen verschiedene Betriebsstoffe (Benzingeruch) aus. Die Straßenbahn hat den Pkw ca. 30 Meter mitgeschleift. Die Alarmierung erfolgt an einem Werktag im Juli um 16:05 Uhr bei ca. 28 °C Außentemperatur und Sonnenschein.

7.2 Einsatzbeispiel 2 – Verkehrsunfall mit Straßenbahn: »Viele Verletzte«

Bild 50: ***Einsatzbeispiel 2: Einsatzsituation nach Abschluss der Menschenrettung (Quelle: Berufsfeuerwehr München)***

Kräfteansatz:

Einsatzleitwagen, zwei Hilfeleistungs-Löschgruppenfahrzeuge und ein Rüstwagen

Fragestellungen:

1. Welche Informationen können aus den baulichen bzw. räumlichen Gegebenheiten, der Tageszeit und dem Wetter gewonnen werden und welche taktischen Grundüberlegungen ergeben sich hieraus?
2. Wie könnten Sofortmaßnahmen und weitere Maßnahmen aussehen?
3. Welche Einsatzabschnitte können gebildet werden?
4. Welche sinnvollen taktischen Gliederungen für diesen Einsatz ergeben sich?
5. Welche Einsatzformen sind sinnvoll für den Einsatz des Zuges?
6. Wie könnten die Befehle an die einzelnen Einheiten lauten?
7. Welche Besonderheiten beeinflussen eventuell den Einsatzverlauf?

Frage 1 – taktische Informationen und Überlegungen

- Unfall: notwendige technische Rettung mit entsprechenden Geräten und Verletztenversorgung
- Innerstädtischer Bereich mit fließendem Verkehr in normaler Geschwindigkeit
- Zwischen zehn und 15 Verletzte mit unterschiedlichen Verletzungsmustern und einer Einklemmung
- Brandgefahr hoch durch auslaufendes Benzin und auf Grund der Temperatur
- Sicherstellung des Brandschutzes erforderlich
- Anfängliches Ungleichgewicht zwischen Kräften und Anzahl der Verletzten
- Öffentliches Interesse durch Ausfall des Nahverkehrs
- Beengte Arbeitsverhältnisse bei der technischen Rettung
- Gefahren durch den fließenden Verkehr
- Einsatz eines hydraulischen Rettungssatzes für die Einklemmung sehr wahrscheinlich
- Abstimmung mit dem Rettungsdienst auf Grund der Verletztenanzahl und anfängliche Unterstützung durch Feuerwehrkräfte schnell notwendig (Festlegungen Versorgungspriorität und Verletztenübergabe)
- Nachforderung von Kräften unmittelbar notwendig (Verletztenanzahl)
- Abstimmung mit Polizei und Rettungsdienst wegen der Verkehrsführung, Ordnung des Raumes zu Beginn schwierig

Frage 2 – Maßnahmen

- Sofortmaßnahmen:
  Herstellung eines Zuganges für den Rettungsdienst zum Eingeklemmten, Sicherstellung des Brandschutzes und Betreuung der Verletzten in der Straßenbahn (soweit nicht durch Rettungsdienst möglich – Abstimmung)
- weitere Maßnahmen:
  Befreiung des Eingeklemmten, Ordnung des Raumes und Rettung der Verletzten mit Übergabe an Rettungsdienst bzw. Versorgung der Verletzten bis Übernahme durch Rettungsdienst

Frage 3 – Einsatzabschnitte:

- Pkw mit Eingeklemmten und Sicherstellung Brandschutz
- Straßenbahn mit Verletztenbetreuung und Rettung ggf. Versorgung

Frage 4 – Gliederung

- Erstes HLF und Rüstwagen für Befreiung des Eingeklemmten und Brandschutzsicherstellung
- Zweites HLF Verletztenbetreuung und Rettung ggf. Versorgung in Straßenbahn
- Der Rüstwagen wird dem ersten HLF (Pkw) unterstellt und dient als Gerätepool

Frage 5 – Einsatzform des Zuges

Einsatzform getrennt mit zwei Einsatzabschnitten und einer räumlichen Trennung der Einheiten bzw. der Abschnitte (Pkw – Straßenbahn)

Frage 6 – Befehle

- Lage:
  VU mit Pkw gegen Straßenbahn, Eine Person im PKW eingeklemmt, Brandgefahr durch Benzin, ca. zehn bis 15 Verletzte in der Straßenbahn
- Befehl an das erste HLF und den Rüstwagen:
  Der Rüstwagen wird dem ersten HLF unterstellt. Menschenrettung des Eingeklemmten und Sicherstellung Brandschutz, Fahrzeugaufstellung vor der Straßenbahn
- Befehl an das zweite HLF:
  Zweites HLF unterstützt den Rettungsdienst bei der Betreuung, Versorgung und Rettung in der Straßenbahn, Fahrzeugaufstellung hinter der Straßenbahn

In der Folge ist dieser Erstbefehl noch zu konkretisieren (z. B. Verletztenablage, Ansprechpartner für den Rettungsdienst etc.).

Frage 7 – Besonderheiten

Im Abschnitt Pkw ist die Aufgabenstellung für das HLF und den RW sehr klar, da dies ein Routineeinsatz ist. Im Bereich der Verletztenbetreuung, Versorgung und Rettung besteht ein großer Abstimmungsbedarf mit dem Rettungsdienst (Sichtung, Reihenfolge der Rettung, Übergabe oder Ablage etc.). Hier kann es erforderlich sein, dass der Zugführer den Gruppenführer des zweiten HLF unterstützt. Die Schwierigkeit besteht aber, als Zugführer nicht unmittelbar in die Führung der Gruppe einzugreifen, sondern diese zu unterstützen.

7.3 Einsatzbeispiel 3 – Umgestürzter Kran in Baugrube: »Person vermisst«

Ausgangslage:

Im Bereich einer Baustelle im Innenstadtbereich bei geschlossener Bebauung besteht eine ca. vier Meter tiefe Grube, die durch den Abriss des Baubestandes entstanden ist. In die Grube ist ein Abrissbagger gestürzt. Im Führerhaus des Baggers ist der Baumaschinenführer eingeschlossen. Die Baumaschine liegt über Kopf im Keller des Bestandsgebäudes. Die Hydraulikleitungen sind geplatzt und es tritt Hydrauliköl aus. Durch den nebenstehenden Hubsteiger versuchen die Bauarbeiter zum Kollegen im Bagger zu kommen. Die Alarmierung erfolgt an einem Werktag im April um 10:25 Uhr bei 12 °C und beginnendem Regen.

Bild 51: *Einsatzbeispiel 3: Situation bei Ankunft der Feuerwehr (Quelle: Berufsfeuerwehr München)*

Kräfteansatz:

Einsatzleitwagen, zwei Hilfeleistungs-Löschgruppenfahrzeuge, ein Hubrettungsfahrzeug und ein Rüstwagen

Fragestellungen:

1. Welche Informationen können aus den baulichen bzw. räumlichen Gegebenheiten, der Tageszeit und dem Wetter gewonnen werden und welche taktischen Grundüberlegungen ergeben sich hieraus?
2. Wie könnten Sofortmaßnahmen und weitere Maßnahmen aussehen?
3. Welche Einsatzabschnitte können gebildet werden?
4. Welche sinnvollen taktischen Gliederungen für diesen Einsatz ergeben sich?
5. Welche Einsatzformen sind sinnvoll für den Einsatz des Zuges?
6. Wie könnten die Befehle an die einzelnen Einheiten lauten?
7. Welche Besonderheiten beeinflussen eventuell den Einsatzverlauf?

Frage 1 – taktische Informationen und Überlegungen

- Tiefbauunfall im innerstädtischen Bereich mit dichter Bebauung
- Personenrettung unter schwierigen Bedingungen
- Gefahr durch weiteres Einstürzen bzw. Verschüttung, insbesondere durch Regen und damit hohes Gefahrenpotenzial für die eigenen Kräfte
- Schadensausweitung durch Einsatz des Hubsteigers durch Arbeiter
- Ungewöhnlicher Einsatz mit wenig Erfahrungspotenzial bei allen Einsatzkräften
- Verschlechterung der Situation durch Hydrauliköl mit Auswirkungen auf die Umwelt
- Spezialgerät vermutlich erforderlich
- Rettung des Baumaschinenführers im Bagger muss sofort erfolgen (hohe Eigengefährdung!)
- Maßnahmen der Bauarbeiter sind unmittelbar zu unterbinden, damit es zu keiner Schadensausbreitung kommt
- Einsatz eines Feuerwehrkrans zur Sicherung notwendig
- Schnelle Nachforderung von Spezialgerät erforderlich
- Verschlechterung der Situation durch einsetzenden Regen (Zeitliches Problem)

Frage 2 – Taktische Überlegung und Maßnahmen

- Sofortmaßnahmen:
  Menschenrettung der Person im Bagger und Einstellen der Eigenrettungsversuche

- weitere Maßnahmen:
  Absicherung der Baustelle und Sicherung des Feuerwehrkrans, Sicherung des Hubsteigers, Aufnehmen der auslaufenden Betriebsstoffe

Frage 3 – Einsatzabschnitte

- Menschenrettung des Baumaschinenführers und Sicherung des Baggers
- Abstellen der Eigenrettungsversuche, Sicherung des Hubsteigers und Absicherung der Baustelle

Frage 4 – Gliederung

- Erstes HLF und Hubrettungsfahrzeug zur Rettung des Baumaschinenführers
- Zweites HLF und Rüstwagen zur Sicherung des Hubsteigers
- Hubrettungsfahrzeug wird dem ersten HLF unterstellt, Rüstwagen wird dem zweiten HLF unterstellt

Frage 5 – Einsatzform des Zuges

Einsatzform getrennt mit mindestens zwei Einsatzabschnitten und einer räumlichen Trennung der Einheiten bzw. der Abschnitte (Bagger und Hubsteiger)

Frage 6 – Befehle

- Lage:
  Bagger mit einer eingeschlossenen Person in Baugrube gestürzt, Rettungsversuche durch Hubsteiger, der auch abzustürzen droht, auslaufendes Hydrauliköl, Feuerwehrkran wird unmittelbar nachgefordert, Bereich vor der Baugrube für Feuerwehrkran freihalten bzw. nur die Drehleiter dort in Stellung bringen
- Befehl an das erste HLF und das Hubrettungsfahrzeug:
  Das Hubrettungsfahrzeug wird dem ersten HLF unterstellt. Menschenrettung der Person im Bagger und Beachtung des Eigenschutzes
- Befehl an das zweite HLF:
  Zweites HLF stellt die Rettungsversuche der Arbeiter ein und sichert den Hubsteiger gegen Abrutschen

In der Folge ist dieser Erstbefehl noch zu konkretisieren (z. B. einsetzender Regen führt zur Verschlechterung der Situation, Feuerwehrkran wird nachgefordert, Auffangen des Hydrauliköls etc.).

Frage 7 – Besonderheiten

Die Schwierigkeit bei diesem Einsatz ist, den Befehl für das erste HLF nicht zu eng zu fassen, da die Rettung des Baggerführers unter erschwerten Bedingungen erfolgt. Diese Bedingungen können nur nach einer Detailerkundung des Einheitsführers vom ersten HLF erfolgen. Die Rettung wäre über verschiedene Wege (Drehleiter unterflur, tragbare Leitern, Auf- und Abseilgerät etc.) möglich. Im Laufe der Umsetzung ist ein enger Kontakt zu beiden Einheitsführern notwendig, um entsprechende Lösungen für die Umsetzung abzustimmen.

7.4 Einsatzbeispiel 4 – Bagger brennt auf Baustelle: »Brandausbreitung auf Gebäude«

Ausgangslage:

Auf einer Baustelle im Innenstadtbereich bei geschlossener Bebauung ist eine Baumaschine in Vollbrand geraten. Umliegendes Baumaterial hat sich bereits ent-

Bild 52: ***Einsatzbeispiel 4: Situation bei Beginn der ersten Löschmaßnahmen (Quelle: Berufsfeuerwehr München)***

zündet. Das Feuer droht auf die Fassade des nebenstehenden Wohnhauses überzugreifen. Es handelt sich um ein fünfgeschossiges Wohnhaus mit je drei Nutzungseinheiten pro Etage ab dem ersten OG. Im Erdgeschoss befindet sich ein Bekleidungsgeschäft, bei dem die Schaufensterscheibe bereits geplatzt ist. Die Rauchentwicklung breitet sich an der Gebäudefront nach oben aus. In den Wohnungen ab dem ersten Obergeschoss brennt kein Licht. Die Alarmierung erfolgt um 03:12 Uhr im August bei sternenklarer Nacht und Außentemperaturen von 23 °C.

Kräfteansatz:

Einsatzleitwagen, zwei Hilfeleistungs-Löschgruppenfahrzeuge und ein Hubrettungsfahrzeug

Fragestellungen:

1. Welche Informationen können aus den baulichen bzw. räumlichen Gegebenheiten, der Tageszeit und dem Wetter gewonnen werden und welche taktischen Grundüberlegungen ergeben sich hieraus?
2. Wie könnten Sofortmaßnahmen und weitere Maßnahmen aussehen?
3. Welche Einsatzabschnitte können gebildet werden?
4. Welche sinnvollen taktischen Gliederungen für diesen Einsatz ergeben sich?
5. Welche Einsatzformen sind sinnvoll für den Einsatz des Zuges?
6. Wie könnten die Befehle an die einzelnen Einheiten lauten?
7. Welche Besonderheiten beeinflussen eventuell den Einsatzverlauf?

Frage 1 – taktische Informationen und Überlegungen

- Maschinenbrand im Freien mit Brandausbreitung auf ein Gebäude, im Bereich geschlossene Wohnbebauung mit vermutlicher räumlicher Trennung der Geschosse
- Zentraler Zugang über einen Treppenraum in die Geschosse
- Ab dem ersten OG pro Geschoss drei Wohnungen
- Brandausbreitung in das Geschäft im EG
- Bauliche Trennung des Geschäfts zum Treppenraum wahrscheinlich
- Rauchabzug im Treppenraum mit hoher Wahrscheinlichkeit vorhanden

- Belegung der Wohnung um diese Tageszeit mit Personen sehr wahrscheinlich
- Brandausbreitung in die Wohnungen unwahrscheinlich, dafür aber an der Vorderseite entsprechende Verrauchung der Wohnungen durch offene Fenster im Sommer sehr wahrscheinlich
- Brandausbreitung über die Fassade wahrscheinlich
- Brandausbreitung vom Geschäft in den Treppenraum anfänglich unwahrscheinlich, erster Rettungsweg für Bewohner vermutlich passierbar
- Riegelstellung zügig erforderlich bzw. Brandbekämpfung im Laden
- Kontrolle der vorderen Wohnungen umgehend wegen Raucheintrag notwendig
- Brand und Auslaufen von Hydrauliköl möglich – Löschmittelwahl abwägen (Schaum)

Frage 2 – Maßnahmen

- Sofortmaßnahmen:
  Riegelstellung vom Bagger zum Wohnhaus, Brandbekämpfung im Laden, Absuchen der Wohnungen mit Raucheintrag
- weitere Maßnahmen:
  Brandbekämpfung des Baggers, Kontrolle aller Wohnungen wegen Rauchausbreitung, Absuchen des Ladens, Auffangen des Hydrauliköls

Frage 3 – Einsatzabschnitte

- Brandbekämpfung Laden und Riegelstellung mit anschließender Brandbekämpfung Bagger
- Absuchen der Wohnung mit notwendiger Menschenrettung der verrauchten Wohnungen

Frage 4 – Gliederung

- Erstes HLF Riegelstellung und Brandbekämpfung im Laden sowie Brandbekämpfung Bagger
- Zweites HLF Menschenrettung der Personen in den verrauchten Wohnungen
- Hubrettungsgerät für die Personenrettung der Person am Fenster
- Das Hubrettungsfahrzeug kann dem ersten HLF unterstellt werden, Einsatz je Situation für die Riegelstellung oder zur personellen Unterstützung (Treppenraum mit hoher Wahrscheinlichkeit rauchfrei)

Frage 5 – Einsatzform des Zuges
Einsatzform getrennt mit mindestens zwei Einsatzabschnitten und einer räumlichen Trennung der Einheiten bzw. der Abschnitte (Brandbekämpfung und Wohnhaus)

Frage 6 – Befehle

- Befehl an das erste HLF und das Hubrettungsfahrzeug:
  Das Hubrettungsfahrzeug wird dem ersten HLF unterstellt. Brandbekämpfung im Laden und Riegelstellung zum Gebäude mit anschließender Brandbekämpfung des Baggers – Schaumeinsatz beim Bagger erforderlich
- Befehl an das zweite HLF:
  Zweites HLF führt Menschenrettung der Personen in den Wohnungen mit Raucheintrag vorrangig auf der linken Seite durch.

In der Folge muss das Absuchen der Wohnungen noch konkretisiert werden, damit hier eine systematische Suche durchgeführt wird.

Frage 7 – Besonderheiten
Besonderes Augenmerk ist hier auf den Brand im Laden zu legen. Dieser darf noch nicht so weit fortgeschritten sein, dass die Gefahr des Durchbrennens einer eventuellen Tür in den Treppenraum erfolgt. Hier kann ein Nachsteuern nach genauer Erkundung im Treppenraum notwendig sein, um die Trupps des zweiten HLF nicht zu gefährden.

7.5 Einsatzbeispiel 5 – Verkehrsunfall mit Lkw: »Person eingeklemmt«

Ausgangslage:

Auf einer zweispurigen Autobahn ist es auf Höhe einer Einfahrt zu einem Unfall zwischen einem Betonmischer und einem Kleintransporter gekommen. Der Betonmischer ist mit dem Kleintransporter bei einem Ausweichversuch kollidiert und umgestürzt. Der Kleintransporter liegt hinter dem Betonmischer. Im Kleintransporter sind zwei Personen eingeklemmt. Im Betonmischer ist der Fahrer eingeschlossen. Entsprechende Betriebsstoffe (Diesel und Kühlflüssigkeit) beider Fahrzeuge laufen aus. Hinter dem Unfall hat sich bereits ein Stau gebildet. Es ist aber noch möglich an der Unfallstelle vorbeizufahren. Dies wird auch von einigen Autofahrern durchgeführt. Die Alarmierung erfolgt um 07:25 Uhr an einem sonnigen Septembertag bei 16 °C.

7.5 Einsatzbeispiel 5 – Verkehrsunfall mit Lkw: »Person eingeklemmt«

Bild 53: ***Einsatzbeispiel 5: Situation unmittelbar nach Eintreffen des Zuges (Quelle: Berufsfeuerwehr München)***

Kräfteansatz:

Einsatzleitwagen, zwei Hilfeleistungs-Löschgruppenfahrzeuge und ein Rüstwagen

Fragestellungen:

1. Welche Informationen können aus den baulichen bzw. räumlichen Gegebenheiten, der Tageszeit und dem Wetter gewonnen werden und welche taktischen Grundüberlegungen ergeben sich hieraus?
2. Wie könnten Sofortmaßnahmen und weitere Maßnahmen aussehen?
3. Welche Einsatzabschnitte können gebildet werden?
4. Welche sinnvollen taktischen Gliederungen für diesen Einsatz ergeben sich?
5. Welche Einsatzformen sind sinnvoll für den Einsatz des Zuges?

6. Wie könnten die Befehle an die einzelnen Einheiten lauten?
7. Welche Besonderheiten beeinflussen eventuell den Einsatzverlauf?

Frage 1 – taktische Informationen und Überlegungen

- Unfall mit notwendiger technischer Rettung mit entsprechenden Geräten und Verletztenversorgung auf der Autobahn mit fließendem Verkehr in hoher Geschwindigkeit
- Drei Verletzte mit unterschiedlichen Verletzungsmustern und zwei Einklemmungen
- Geringe Brandgefahr durch auslaufenden Betriebsstoffe (Diesel)
- Erhöhter Abstimmungsbedarf zwischen den Fachdiensten Polizei, Rettungsdienst und Feuerwehr
- Beengte Arbeitsverhältnisse bei der technischen Rettung
- Hohe Gefahren durch den fließenden Verkehr
- Einsatz von schwerem technischen Gerät eventuell erforderlich
- Möglicher Einsatz eines Feuerwehrkrans, Einsatz von mindestens zwei hydraulischen Rettungssätzen notwendig
- Verkehrsabsicherung für den Eigenschutz sofort erforderlich
- Zugänglichkeit zum Lkw erschwert
- Umweltverschmutzung und Eigengefahr (Ausrutschen) durch größere Mengen Betriebsstoffe sehr wahrscheinlich, Auffangen/Abdichten/Aufnehmen der Betriebsstoffe notwendig

Frage 2 – Maßnahmen

- Sofortmaßnahmen:
  Verkehrsabsicherung, Schaffung eines Zugangs zu den beiden Eingeklemmten und zum Lkw-Fahrer für die Erstversorgung
- weitere Maßnahmen:
  Sicherstellung des Brandschutzes, Rettung des Lkw-Fahrers, Befreiung der beiden Eingeklemmten durch technisches Gerät, Auffangen/Abdichten/Aufnehmen der Betriebsstoffe

Frage 3 – Einsatzabschnitte

- Lkw mit Sicherstellung Brandschutz und Auffangen/Abdichten/Aufnehmen der Betriebsstoffe
- Kleintransporter mit Verkehrsabsicherung

Frage 4 – Gliederung

- Erstes HLF für Brandschutzsicherstellung und Menschenrettung im Bereich Lkw
- Zweites HLF mit Rüstwagen zur Rettung der beiden Eingeklemmten und Verkehrsabsicherung
- Der Rüstwagen wird dem zweiten HLF unterstellt und dient als Gerätepool

Frage 5 – Einsatzform des Zuges

Einsatzform getrennt mit mindestens zwei Einsatzabschnitten und einer räumlichen Trennung der Einheiten bzw. der Abschnitte (Lkw und Kleintransporter). Im Besonderen werden von beiden Abschnitten auch Aufgaben für den jeweilig andern Abschnitt übernommen (Sicherungsaufgaben Brandschutz und Verkehr), trotzdem liegt hier aufgabenbezogen eine Trennung vor.

Frage 6 – Befehle

- Lage:
  VU mit Lkw gegen Kleintransporter, zwei Personen im Transporter eingeklemmt, eine Person im Lkw eingeschlossen, Betriebsstoffe in größeren Mengen laufen aus, Sperrung der Autobahn noch nicht erfolgt
- Befehl an das erste HLF:
  Menschenrettung des Lkw-Fahrers, Sicherstellung Brandschutz für beide Abschnitte, Eindämmen der Umweltgefahr Betriebsstoffe, Fahrzeugaufstellung vor dem Lkw
- Befehl an das zweite HLF und den Rüstwagen:
  Der Rüstwagen wird dem zweiten HLF unterstellt. Menschenrettung der Eingeklemmten am Kleintransporter, Sperrung der offenen Fahrspur und Fahrzeugaufstellung vor dem Kleintransporter

In der Folge ist dieser Erstbefehl noch zu konkretisieren (z. B. Verletztenablage, Ansprechpartner für den Rettungsdienst etc.).

Frage 7 – Besonderheiten

Die Zugänglichkeit zum Lkw kann entsprechend erschwert sein, eventuell ist für das Öffnen der Tür eine Rettungsplattform notwendig, diese ist dann beispielsweise vom Rüstwagen zur Verfügung zu stellen, obwohl dieser dem zweiten HLF unterstellt ist. Hier ist darauf zu achten, dass diese Maßnahme von beiden Einheitsführer koordiniert wird.

7.6 Einsatzbeispiel 6 – Zimmerbrand: »mehrere Personen vermisst«

Ausgangslage:

In einem fünfgeschossigen Wohnhaus (sanierter Altbestand mit Holztreppenhaus) mit zusätzlich ausgebautem Dachstuhl und Hochparterre als Erdgeschoss brennt es im dritten OG (Rückseite) in einer Vier-Zimmer-Wohnung. Das Feuer droht über den Balkon auf die Wohnung im vierten Obergeschoss überzugreifen. Rückseitig befinden sich in jedem Geschoss eine Vierzimmerwohnung. Auf der Vorderseite befinden sich zwei Dreizimmerwohnungen. Die Feuerwehrzufahrt ist entsprechend gekenn-

Bild 54: ***Einsatzbeispiel 6: Erkundungssicht auf der Rückseite des Gebäudes (Quelle: Berufsfeuerwehr München)***

zeichnet und führt über die Parallelstraße auf die Rückseite des Gebäudes. Der Zugang zum Treppenraum befindet sich an der Vorderseite des Gebäudes. Auf der Straßenseite stehen zwei Personen im dritten OG am Fenster und berichten, das die Tür zur Brandwohnung bereits durchgebrannt ist und der Treppenraum nicht passierbar ist. Am Klingelbrett des Wohnhauses ist zu erkennen, dass pro Geschoss drei Wohnungen vorhanden sind. Die Alarmierung erfolgt um 11:25 Uhr an einem Werktag im Mai bei 16 °C.

Kräfteansatz:

Einsatzleitwagen, zwei Hilfeleistungs-Löschgruppenfahrzeuge und ein Hubrettungsfahrzeug

Fragestellungen:

1. Welche Informationen können aus den baulichen bzw. räumlichen Gegebenheiten, der Tageszeit und dem Wetter gewonnen werden und welche taktischen Grundüberlegungen ergeben sich hieraus?
2. Wie könnten Sofortmaßnahmen und weitere Maßnahmen aussehen?
3. Welche Einsatzabschnitte können gebildet werden?
4. Welche sinnvollen taktischen Gliederungen für diesen Einsatz ergeben sich?
5. Welche Einsatzformen sind sinnvoll für den Einsatz des Zuges?
6. Wie könnten die Befehle an die einzelnen Einheiten lauten?
7. Welche Besonderheiten beeinflussen eventuell den Einsatzverlauf?

Frage 1 – taktische Informationen und Überlegungen

- Zimmerbrand im Bereich geschlossener Wohnbebauung mit vermutlicher räumlicher Trennung der Etagen und Verbindung über zentralen Treppenraum
- Brandausbreitung über Balkon vom dritten in das vierte OG
- Zentraler Zugang über einen Treppenraum in die Geschosse mit jeweils drei Wohnungen

- Erhöhte Brandausbreitung im Treppenraum durch Holztreppe, Brandausbreitung in den Treppenraum bereits erfolgt, Eigengefährdung durch Einsturz
- Erster Rettungsweg durch Brandausbreitung ab dem dritten OG nicht nutzbar.
- Zweiter Rettungsweg Vorder- und Rückseite über Hubrettungsfahrzeug
- Nachforderung zweite Drehleiter sofort notwendig
- Rückseitig pro Geschoss nur eine Wohnung
- Bauliche Trennung zum Nachbarhaus vergleichbar einer Brandwand
- Brandwandführung über Dach fraglich
- Rauchabzug vermutlich vorhanden
- Gefahr der Kaminwirkung beim Öffnen der Wohnungstür und bei Brand der Treppe
- Belegung der Wohnung um diese Tageszeit mit Personen eher gering
- Rückseitige Erreichbarkeit über Feuerwehrzufahrt für die Drehleiter

Frage 2 – Maßnahmen

- Sofortmaßnahmen:
  Menschenrettung der beiden Personen und Verhinderung der Brandausbreitung auf die Wohnung im vierten OG sowie auf den Treppenraum (Holztreppe)
- weitere Maßnahmen:
  Brandbekämpfung des Zimmerbrands mit Absuchen der Brandwohnung, Absuchen der darüberliegenden Wohnung, Kontrolle der restlichen Wohnungen

Frage 3 – Einsatzabschnitte

- Innenangriff zur Verhinderung der Brandausbreitung
- Außenangriff zur Verhinderung des Brandüberschlages
- Menschenrettung der beiden sichtbaren Personen

Frage 4 – Gliederung

- Erstes HLF Straßenseite für den Innenangriff über den Treppenraum
- Zweites HLF im Innenhof für eine Riegelstellung zur Verhinderung der Brandausbreitung
- Hubrettungsgerät für die Personenrettung der Personen am Fenster
- Das Hubrettungsfahrzeug kann dem ersten HLF (Straßenseite) unterstellt werden oder als eigenständige taktische Einheit verwendet werden

Frage 5 – Einsatzform des Zuges

Einsatzform getrennt mit mindestens zwei Einsatzabschnitten und einer räumlichen Trennung der Einheiten bzw. der Abschnitte (Vorderseite und Rückseite)

Frage 6 – Befehle

- Lage:
  Zimmerbrand im dritten OG Rückseite mit Brandausbreitung auf das vierte OG und auf Holztreppe, zwei Personen Vorderseite in weiterer Wohnung, weitere Personen unbekannt, Zugang über zentralen Treppenraum
- Befehl an das erste HLF:
  Brandbekämpfung im Treppenraum (Holztreppe), keine RWA Öffnung wegen Kaminwirkung
- Befehl an das zweite HLF:
  Zweites HLF verhindert im Hinterhof die Brandausbreitung auf die Wohnung im vierten OG
- Befehl an die Drehleiter:
  Eigenständige Menschenrettung der beiden Personen auf der Vorderseite

In der Folge ist dieser Erstbefehl noch zu konkretisieren.

Frage 7 – Besonderheiten

Durch das Versagen des ersten Rettungsweges und der Notwendigkeit, auf der Vorder- und Rückseite vermutlich eine Personenrettung durchzuführen, ist für die zweite Drehleiter die Anfahrt explizit anzugeben (Zufahrt über Feuerwehrzufahrt – Rückseite Gebäude). Durch den Holztreppenraum besteht weiterhin auch für die Einsatzkräfte eine erhöhte Eigengefährdung durch Einsturz.

7.7 Einsatzbeispiel 7 – Verkehrsunfall mit Pkw und Motorrad: »Person eingeklemmt«

Ausgangslage:

Im innerstädtischen Bereich auf einer großen vierspurigen Ausfallstraße ist es zu einem Zusammenstoß zwischen einem Kleinwagen und einem Motorrad gekommen. In dem Pkw befinden sich zwei Personen, der Fahrer ist eingeklemmt, der Beifahrer konnte den Pkw verlassen, auf dem Motorrad befanden sich ebenfalls zwei

Personen. Aus dem Pkw laufen verschiedene Betriebsstoffe (Benzingeruch) aus. Der Motoradfahrer ist unter dem Pkw auf der Beifahrerseite eingeklemmt und wird vom Rettungsdienst versorgt. Der Sozius liegt ebenfalls hinter dem Kleinwagen auf der Straße und wir auch vom Rettungsdienst versorgt. Die Polizei hat bereits eine Vollsperrung der Straße veranlasst. Die Alarmierung erfolgt an einem Werktag im Juni um 08:35 Uhr bei ca. 21 °C Außentemperatur und Sonnenschein.

Kräfteansatz:

Einsatzleitwagen, zwei Hilfeleistungs-Löschgruppenfahrzeuge und ein Rüstwagen

Fragestellungen:

1. Welche Informationen können aus den baulichen bzw. räumlichen Gegebenheiten, der Tageszeit und dem Wetter gewonnen werden und welche taktischen Grundüberlegungen ergeben sich hieraus?
2. Wie könnten Sofortmaßnahmen und weitere Maßnahmen aussehen?
3. Welche Einsatzabschnitte können gebildet werden?
4. Welche sinnvollen taktischen Gliederungen für diesen Einsatz ergeben sich?
5. Welche Einsatzformen sind sinnvoll für den Einsatz des Zuges?
6. Wie könnten die Befehle an die einzelnen Einheiten lauten?
7. Welche Besonderheiten beeinflussen eventuell den Einsatzverlauf?

Frage 1 – taktische Informationen und Überlegungen

- Unfall mit notwendiger technischer Rettung mit entsprechenden Geräten und Verletztenversorgung im innerstädtischen Bereich bei fließendem Verkehr in normaler Geschwindigkeit (Sperrung bereits erfolgt)
- Vier Verletzte mit unterschiedlichen Verletzungsmustern und zwei Einklemmungen. Brandgefahr durch auslaufendes Benzin bei entsprechenden Temperaturen mit Sicherstellung des Brandschutzes
- Erhöhter Abstimmungsbedarf zwischen Rettungsdienst und Feuerwehr bei der Verletztenversorgung
- Die technische Rettung verlangt noch weiterem erheblichen Abstimmungsbedarf (Einklemmungen im bzw. unter Pkw)
- Beengte Arbeitsverhältnisse bei der technischen Rettung. Einsatz des hydraulischen Rettungssatzes und Hebegeräte erforderlich

Frage 2 – Maßnahmen

- Sofortmaßnahmen:
  Schaffung eines Zugangs zum Eingeklemmten im Pkw für den Rettungsdienst, Sicherstellung des Brandschutzes und Stabilisierung des Eingeklemmten unter dem Pkw
- weitere Maßnahmen:
  Befreiung beider Personen aus der Zwangslage mit enger Abstimmung der Maßnahmen

Frage 3 – Einsatzabschnitte

- Sicherstellung Brandschutz (Pkw und Motorrad)
- Befreiung und Personenrettung unter dem Pkw
- Befreiung und Personenrettung im Pkw

Frage 4 – Gliederung

- Erstes HLF mit Rüstwagen für die Personenrettung
- Zweites HLF übernimmt Sicherungsaufgaben mit Geräten vom ersten HLF und RW
- Der Rüstwagen wird dem ersten HLF unterstellt und dient als Gerätepool

Frage 5 – Einsatzform des Zuges

Einsatzform nebeneinander – Es werden auf Grund der räumlichen Enge nur das erste HLF und der Rüstwagen verwendet. Personell reicht aber eine Gruppe nicht aus. Es ist eine personelle Unterstützung vom zweiten HLF notwendig.

Frage 6 – Befehle

- Lage:
  VU mit Motorrad gegen Pkw. Eine Person im Pkw eingeklemmt, eine Person unter dem gleichem PKW eingeklemmt. Brandgefahr durch Kraftstoff. Weiter Person vom Motorrad wird bereits vom Rettungsdienst versorgt. Fahrzeugverwendung für alle Kräfte nur das erste HLF und der Rüstwagen
- Befehl an das erste HLF und den Rüstwagen:
  Der Rüstwagen wird dem ersten HLF unterstellt. Menschenrettung der Person im Pkw und unter dem Pkw
- Befehl an das zweite HLF:
  Sicherstellung des Brandschutzes und Sicherung des Pkw und Motorades – Gerätverwendung nur aus dem RW und ersten HLF

Bild 55: *Einsatzbeispiel 7: Situation bei Ankunft der Feuerwehr (Quelle: Berufsfeuerwehr München)*

In der Folge ist dieser Erstbefehl noch zu konkretisieren bzw. entsprechende Koordinierungsmaßnahmen notwendig.

Frage 7 – Besonderheiten

Die Herausforderung liegt bei diesem Einsatz in der Einsatzform und der Verwendung von nur einem HLF und dem Rüstwagen. Dies ist auf Grund der Platzverhältnisse effektiver, bedeutet aber ein enges Zusammenarbeiten der beiden Gruppen. Der Koordinationsaufwand steigt. Auf Grund der räumlichen Enge ist dies aber gut darstellbar.

8 Zusammenfassung

In einer hochkomplexen Industrienation wachsen auch die Herausforderungen an die Feuerwehr stetig und erfordern eine ständige Anpassung an diese neuen Aufgaben. Durch ein gutes und strukturiertes System an Regularien und Vorgaben in Form von Dienstvorschriften, Merkblättern, Dienstanweisungen und Konzepten ist das Hilfeleistungssystem Feuerwehr sehr klar strukturiert und geregelt. Dies bildet eine gute Ausgangslage für ein effektives Handeln im Einsatz und stellt somit die Rahmenbedingungen sicher.

Wie immer, in allen noch so komplexen Systemen, bleibt aber der Mensch mit seinen Fähigkeiten und seiner Anpassungsgabe der entscheidende Faktor. Aus diesem Gedanken heraus ist mir ein altes Löschgruppenfahrzeug (LF 8 mit Vorbaupumpe und sogar ohne Wassertank) als Gruppenführer im Einsatz lieber als das neueste und hochmoderne Hilfeleistung-Löschgruppenfahrzeug mit Druckluftschaumanlage, wenn ich auf diesem alten LF 8 die richtigen acht Menschen dabeihabe. Es liegt also in erster Linie daran, was wir aus den angebotenen Möglichkeiten machen und welche Wege bzw. Lösungen wir einschlagen.

Die Regularien geben den Rahmen vor. Innerhalb dieses Rahmens ist aber die Entscheidung frei. Konzepte oder Vorschriften sollten nicht als Dogma verstanden werden. Wird beispielhaft bei einem Gefahrguteinsatz nur ein Schutzanzug der Stufe II (z. B. Spritzschutzanzug) verwendet, da die Bergung des Gefahrgutes einfach erfolgen kann und nur die Handschuhe kontaminiert sind, stellt sich die Frage ob in diesem Fall ein kompletter Dekon-Platz aufgebaut werden muss. Sicherlich erscheint dieser in Anfangsphase notwendig, in der Detailbetrachtung reicht aber vielleicht ein Eimer mit Wasser zum Abwaschen der Handschuhe und die regulären Maßnahmen zur Einsatzstellenhygiene als Dekon-Maßnahmen völlig aus.

Die besondere Herausforderung an der Funktion des Zugführers ist es daher, über ein hohes Detailwissen des Hilfeleistungssystems zu verfügen, ohne dieses handwerklich anzuwenden. Die Funktion verlangt alle Abläufe, technischen Möglichkeiten und Strukturen gut zu kennen und dabei in der Ausführung den nötigen Abstand zu wahren, um die richtigen Entscheidungen zu treffen. Auch gehört eine gewisse Portion Mut dazu, sich nicht hinter den Vorschriften zu verstecken, sondern pragmatisch Entscheidungen zu treffen und im Zweifelsfall diese zu überdenken, entsprechend anzupassen und eventuell dann anders zu entscheiden. Ich hoffe allen angehenden, aber auch erfahrenen Zugführern mit dieser Sichtweise und den praktischen Tipps die Möglichkeit zu geben, diese wichtige Aufgabe effektiver ausführen zu können und freue mich auf alle Anregungen und auch unterschiedlichen Sichtweisen zu diesem komplexen Thema.

Literaturverzeichnis

Cimolino, De Vries, Graeger, Lembeck (2005), Der Zug im Einsatz von Lösch- und Rettungsgeräten, Ecomed Verlag, Landsberg 2005.

Demidow (1976), Taktik der Feuerwehr, Staatsverlag, der deutschen demokratischen Republik, Berlin 1976 (Übersetzung aus dem Sowjetischen).

Gattinger, Andreas (2017), Führungshilfen für Feuerwehr-Einsatzleiter, 3., erweiterte und überarbeitete Auflage, W. Kohlhammer Verlag, Stuttgart 2012.

Heimberg, F., Fuchs, W. (1947), Die Ausbildung der Feuerwehren, Printing und Distribution Unit, Deutschland, 1947.

Internationale Arbeitsgemeinschaft für Feuerwehr- und Brandschutzgeschichte (2014): Schulen und Ausbildungsstätten der Feuerwehr, Ströher Druckerei und Verlag GmbH & Co. KG, Celle 2014.

Käseberg, Hans Taktik der Feuerwehr Teil I, 2. Auflage Staatsverlag der deutschen demokratischen Republik, Berlin 1965.

Knorr, Karl-Heinz (2018), Die Gefahren der Einsatzstelle, 9. Auflage, W. Kohlhammer Verlag, Stuttgart 2018.

Linhardt, Andreas (2002), Feuerwehren im Luftschutz 1926-1945, Books on Demand, Norderstedt, 2002.

Pulm, Markus (2019), Einsatztaktik für Führungskräfte, 2. Auflage, W. Kohlhammer Verlag, Stuttgart 2019.

Pulm, Markus (2020), Falsche Taktik – Große Schäden, 9. Auflage, W. Kohlhammer Verlag, Stuttgart 2020.

Schläfer Heinrich (1985 und 1998), Das Taktikschema, 1. Auflage und 4. Auflage, W. Kohlhammer Verlag, Stuttgart 1985 und 1998.

Schröder mann (2011), Einsatztaktik für den Gruppenführer, 21. Auflage, W. Kohlhammer Verlag, Stuttgart 2011.

Thöne, Jörg (2018), Einsatzstellenorientierung, W. Kohlhammer Verlag, Stuttgart 2018.

Thorns, Jochen (2015), Der Gruppenführer im Hilfeleistungseinsatz, W. Kohlhammer Verlag, Stuttgart 2015.

Walter Schnell (1935), Die Dreiteilung des Löschangriffs, 3. Auflage, Verlag von Eberhard Binder, Celle,
1935.

Vorschriften, Regelwerke und Merkblätter

Feuerwehr-Dienstvorschrift, Feuerwehr-Dienstvorschrift 1 – Grundtätigkeiten im Lösch- und Hilfeleistungseinsatz.

Feuerwehr-Dienstvorschrift, Feuerwehr-Dienstvorschrift 2 – Ausbildung der Freiwilligen Feuerwehren.

Feuerwehr-Dienstvorschrift, Feuerwehr-Dienstvorschrift 3 – Einheiten im Lösch- und Hilfeleistungseinsatz.

Feuerwehr-Dienstvorschrift, Feuerwehr-Dienstvorschrift 7 – Atemschutz.

Feuerwehr-Dienstvorschrift, Feuerwehr-Dienstvorschrift 100 – Führung und Leitung im Einsatz.

Feuerwehr-Dienstvorschrift, Feuerwehr-Dienstvorschrift 500 – Einheiten im ABC-Einsatz.

Feuerwehr-Dienstvorschrift, Feuerwehr-Dienstvorschrift 5 – Der Zug im Löscheinsatz.

Branddienst, Einsatztechnik und Taktik, Schweizer Feuerwehrverband, 1983.

Vfdb Richtlinie 06/01, Merkblatt »Technisch-medizinische Rettung nach Verkehrsunfällen«, 2011.

Merkblatt »Feuer als Gegner« Nr. 5.04, Staatliche Feuerwehrschule Würzburg, 2004.

Taktikschema, Staatliche Feuerwehrschule Würzburg, 2017.